아이스크림 더 실전

차례

왜, 더 실전 일까요?

AI 데이터로 구성한 교재입니다.

『더 실전』은 누적 체험자 수 130만 명의 선택을 받은
아이스크림 홈런의 **학습 데이터를 기반**으로 만들었습니다.
AI가 추천한 문제들을 난이도별로 배열한 **단원 평가를 총 4회 구성**하여
실전 시험에 충분히 대비할 수 있도록 하였습니다.

또한 AI를 활용하여 정답률 낮은 문제를 선별하였으며 **'틀린 유형 다시 보기'**를 통해
정답률 낮은 문제를 이해하는 기초를 제공하고 반복하여 복습할 수 있도록 하여
빈틈없이 **실전을 준비**할 수 있도록 하였습니다.

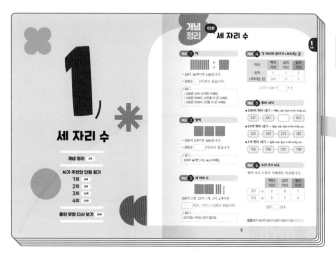

개념을 먼저
정리해요.

단원 평가 1회~4회로
실전 감각을 길러요.

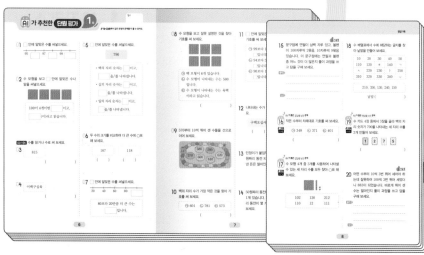

더 실전은 아래와 같은 상황에
더 필요하고 유용한 교재입니다.

☑ 내 실력을 알고 싶을 때

☑ 단원 평가에 대비할 때

☑ 학기를 마무리하는 시험에 대비할 때

☑ 시험에서 자주 틀리는 문제를 대비하고 싶을 때

『더 실전』이 적합합니다.

틀린 유형 다시 보기로
집중 학습을 해요.

정답 및 풀이로
확인하고 점검해요.

1

세 자리 수

세 자리 수

개념 1 백

- **10**이 **10**개이면 **100**입니다.
- 100은 ☐ (이)라고 읽습니다.

참고
- 100은 10이 10개인 수예요.
- 100은 90보다 10만큼 더 큰 수예요.
- 100은 99보다 1만큼 더 큰 수예요.

개념 2 몇백

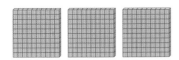

- **100**이 **3**개이면 **300**입니다.
- 300은 ☐ (이)라고 읽습니다.

참고
100이 ■개인 수는 ■00이에요.

개념 3 세 자리 수

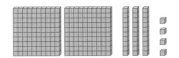

100이 2개, 10이 3개, 1이 4개이면

☐ 이고, 이백삼십사라고 읽습니다.

참고
0이 있는 자리는 읽지 않아요.

개념 4 각 자리의 숫자가 나타내는 값

자리	백의 자리	십의 자리	일의 자리
숫자	5	9	7
나타내는 값	500	90	7

$$597 = 500 + \boxed{} + 7$$

개념 5 뛰어 세기

◆**100씩 뛰어 세기** ─ 백의 자리 숫자가 1씩 커집니다.

| 317 |─| 417 |─| ☐ |─| 617 |

◆**10씩 뛰어 세기** ─ 십의 자리 숫자가 1씩 커집니다.

| 152 |─| 162 |─| 172 |─| 182 |

◆**1씩 뛰어 세기** ─ 일의 자리 숫자가 1씩 커집니다.

| 755 |─| 756 |─| 757 |─| 758 |

개념 6 수의 크기 비교

백의 자리 수부터 차례대로 비교합니다.

	백의 자리	십의 자리	일의 자리
257 →	2	5	7
274 →	2	7	4

257 ◯ 274

정답 ❶ 백 ❷ 삼백 ❸ 234 ❹ 90 ❺ 517 ❻ <

점수

🔗 18~23쪽에서 같은 유형의 문제를 더 풀 수 있어요.

01 ☐ 안에 알맞은 수를 써넣으세요.

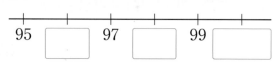

95 ☐ 97 ☐ 99 ☐

02 수 모형을 보고 ☐ 안에 알맞은 수나 말을 써넣으세요.

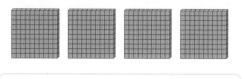

100이 4개이면 ☐ 이고,

☐ (이)라고 읽습니다.

03~04 수를 읽거나 수로 써 보세요.

03
815

( )

04
이백구십육

( )

05 ☐ 안에 알맞은 수를 써넣으세요.

796

- 백의 자리 숫자는 ☐ 이고,

 ☐ 을/를 나타냅니다.

- 십의 자리 숫자는 ☐ 이고,

 ☐ 을/를 나타냅니다.

- 일의 자리 숫자는 ☐ 이고,

 ☐ 을/를 나타냅니다.

06 두 수의 크기를 비교하여 더 큰 수에 ○표 해 보세요.

167	118

( ) ( )

07 ☐ 안에 알맞은 수를 써넣으세요.

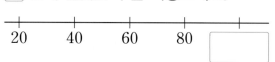

20 40 60 80 ☐

80보다 20만큼 더 큰 수는

☐ 입니다.

08 수 모형을 보고 잘못 설명한 것을 찾아 기호를 써 보세요.

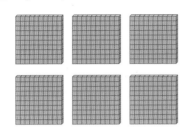

㉠ 백 모형이 6개 있습니다.

㉡ 수 모형이 나타내는 수는 500 입니다.

㉢ 수 모형이 나타내는 수는 육백 이라고 읽습니다.

(   )

09 570부터 10씩 뛰어 센 수들을 선으로 이어 보세요.

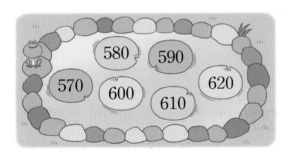

10 백의 자리 수가 가장 작은 것을 찾아 기호를 써 보세요.

㉠ 601   ㉡ 781   ㉢ 573

(   )

11 ☐ 안에 알맞은 수가 다른 하나를 찾아 기호를 써 보세요.

㉠ 99보다 1만큼 더 큰 수는 ☐입니다.

㉡ 94보다 5만큼 더 큰 수는 ☐입니다.

㉢ 90보다 10만큼 더 큰 수는 ☐입니다.

(   )

12 나타내는 수가 더 큰 것에 ○표 해 보세요.

구백오십사   구백육

(   )   (   )

13 민정이가 붙임딱지 한 장을 사면서 100 원짜리 동전 8개를 냈습니다. 민정이가 낸 돈은 얼마인지 구해 보세요.

(   )

14 50원짜리 동전이 1개, 10원짜리 동전이 1개 있습니다. 100원이 되려면 10원짜리 동전이 몇 개 더 있어야 하는지 구해 보세요.

(   )

15 📝서술형

문구점에 연필이 삼백 자루 있고, 볼펜이 100자루씩 2묶음, 10자루씩 9묶음 있습니다. 이 문구점에는 연필과 볼펜 중 어느 것이 더 많은지 풀이 과정을 쓰고 답을 구해 보세요.

풀이▶ _____

_____

_____

답▶ _____

18 수 배열표에서 수에 해당하는 글자를 찾아 낱말을 만들어 보세요.

10	20	30	40	50
110	120	ㅎ	140	ㄱ
ㅅ	220	230	ㅏ	250
310	320	330	340	ㅜ

210, 350, 130, 240, 150

낱말 (   )

16 ⚡AI가 뽑은 정답률 낮은 문제

🔗19쪽
유형4

작은 수부터 차례대로 기호를 써 보세요.

㉠ 348   ㉡ 371   ㉢ 401

(   )

19 ⚡AI가 뽑은 정답률 낮은 문제

🔗20쪽
유형6

수 카드 4장 중에서 3장을 골라 백의 자리 숫자가 700을 나타내는 세 자리 수를 2개 만들어 보세요.

1   2   7   5

(   )

17 ⚡AI가 뽑은 정답률 낮은 문제

🔗20쪽
유형5

수 모형 4개 중 3개를 사용하여 나타낼 수 있는 세 자리 수를 모두 찾아 ○표 해 보세요.

102	120	212
110	12	111

20 📝서술형

어떤 수부터 10씩 3번 뛰어 세어야 하는데 잘못하여 100씩 3번 뛰어 세었더니 883이 되었습니다. 바르게 뛰어 센 수는 얼마인지 풀이 과정을 쓰고 답을 구해 보세요.

풀이▶ _____

_____

_____

답▶ _____

🔗 18~23쪽에서 같은 유형의 문제를 더 풀 수 있어요.

점수

1
단원

01 수 모형이 나타내는 수를 쓰고 읽어 보세요.

쓰기 (   )

읽기 (   )

02 ☐ 안에 알맞은 수를 써넣으세요.

900은 100이 ☐ 개인 수입니다.

03 502를 바르게 읽은 사람에 ○표 해 보세요.

오백이십

오백이

(   )   (   )

04 100씩 뛰어 세어 보세요.

178 — 278 — ☐ —

☐ — ☐ — ☐

05 빈칸에 알맞은 수를 쓰고 두 수의 크기를 비교하여 ○ 안에 >, =, <를 알맞게 써넣으세요.

	백의 자리	십의 자리	일의 자리
826 →			
891 →			

826 ○ 891

06 밑줄 친 숫자가 나타내는 값을 구해 보세요.

4<u>3</u>5

(   )

07 100을 나타내는 수가 아닌 것은 어느 것인가요? ( )

① 99보다 1만큼 더 큰 수
② 90보다 10만큼 더 큰 수
③ 10이 10개인 수
④ 99보다 10만큼 더 큰 수
⑤ 80보다 20만큼 더 큰 수

08 표를 완성해 보세요.

쓰기	읽기
500	
	칠백
800	

AI가 뽑은 정답률 낮은 문제

09 몇씩 뛰어 세었는지 구해 보세요.

📎18쪽
유형1

465 — 475 — 485

495 — 505 — 515

( )

10 100이 6개, 10이 5개, 1이 8개인 수를 쓰고 읽어 보세요.

쓰기 ( )
읽기 ( )

11 십의 자리 숫자가 9인 수는 어느 것인가요? ( )

① 749   ② 903   ③ 196
④ 951   ⑤ 109

12 한 봉지에 10개씩 들어 있는 수수깡이 10봉지 있습니다. 수수깡은 모두 몇 개인지 구해 보세요.

( )

13 풀이 100개씩 7상자, 10개씩 8상자, 낱개로 1개 있습니다. 풀은 모두 몇 개인지 구해 보세요.

( )

14 호영이는 빨간색 구슬 621개, 보라색 구슬 520개를 모았습니다. 빨간색 구슬과 보라색 구슬 중에서 어느 색 구슬을 더 많이 모았는지 구해 보세요.

( )

15 민호가 만든 수를 써 보세요.

내가 만든 수는
100이 2개인 세 자리 수야.
십의 자리 숫자는 10을
나타내고, 917과 일의 자리
숫자가 똑같아.

민호

(   )

18 밑줄 친 숫자가 나타내는 값을 표에서 찾아 비밀 문장을 만들어 보세요.

1̲02 → ①	68̲3 → ②
2̲44 → ③	53̲7 → ④

나타내는 값	40	3	100	30
글자	천	는	너	사

	①	②	③	④
비밀 문장				

AI가 뽑은 정답률 낮은 문제   ✏️서술형

16 사탕이 한 봉지에 10개씩 들어 있습니다. 50봉지에 들어 있는 사탕은 모두 몇 개인지 풀이 과정을 쓰고 답을 구해 보세요.

📎18쪽
유형 2

풀이 ▶

_____

_____

_____

답 ▶

_____

AI가 뽑은 정답률 낮은 문제   ✏️서술형

19 주어진 세 자리 수부터 10씩 10번 뛰어 세기 하면 얼마인지 풀이 과정을 쓰고 답을 구해 보세요.

📎22쪽
유형 9

백의 자리 숫자가 3,
십의 자리 숫자가 5,
일의 자리 숫자가 2인 수

풀이 ▶

_____

_____

_____

답 ▶

_____

AI가 뽑은 정답률 낮은 문제

17 ☐ 안에 들어갈 수 있는 수를 보기에서 모두 찾아 ○표 해 보세요.

📎21쪽
유형 8

7☐6 < 751

보기

0	1	2	3	4
5	6	7	8	9

20 어떤 수보다 100만큼 더 큰 수는 901 입니다. 어떤 수보다 10만큼 더 작은 수는 얼마인지 구해 보세요.

(   )

01 수로 써 보세요.

> 삼백

(   )

02 수 모형이 나타내는 수는 얼마인지 알 아보려고 합니다. ☐ 안에 알맞은 수를 써넣으세요.

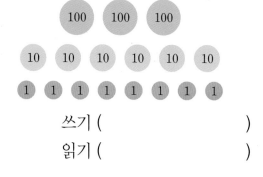

십 모형	일 모형
☐ 개	☐ 개

➜ ☐

03 모형이 나타내는 수를 쓰고 읽어 보세요.

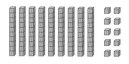

쓰기 (   )

읽기 (   )

04 100씩 뛰어 세어 보세요.

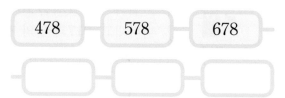

| 478 | 578 | 678 | |

| | | |

05 10씩 뛰어 세어 보세요.

| 101 | | 121 |

| 131 | | |

06 영은이가 말하는 수를 써 보세요.

10이 10개인 수야.

영은

(   )

07 관계있는 것끼리 선으로 이어 보세요.

920		백구십이
192		구백이십
834		팔백삼십사

08 메모지는 모두 몇 장인지 구해 보세요.

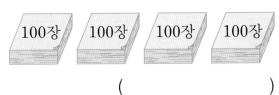

( )

09 나타내는 수가 다른 하나를 찾아 기호를 써 보세요.

> ㉠ 10이 80개인 수
> ㉡ 칠백
> ㉢ 800
> ㉣ 100이 8개인 수

( )

10 100을 잘못 설명한 사람은 누구인지 이름을 써 보세요.

( )

11 밑줄 친 숫자가 얼마를 나타내는지 수 모형에서 찾아 ○표 해 보세요.

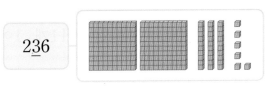

12 913보다 큰 수는 모두 몇 개인지 구해 보세요.

| 899 | 930 | 914 | 907 |

( )

13 색종이 600장을 사려고 합니다. 한 상자에 색종이가 100장씩 들어 있다면 몇 상자를 사야 하는지 구해 보세요.

( )

14 수아와 호영이는 영화관에서 번호표를 뽑았습니다. 번호표를 먼저 뽑은 사람은 누구인지 이름을 써 보세요. (단, 먼저 뽑은 사람의 번호표의 수가 더 작습니다.)

( )

15
19쪽
유형3

㉠과 ㉡은 같은 수입니다. ☐ 안에 알맞은 말을 써넣으세요.

> ㉠ 100이 1개, 10이 11개, 1이 4개인 수
>
> ㉡ ☐백십사

16
20쪽
유형6

수 카드 3장을 모두 사용하여 세 자리 수를 만들려고 합니다. 십의 자리 숫자가 10을 나타내는 수는 모두 몇 개 만들 수 있는지 구해 보세요.

[1] [2] [7]

(   )

✏️서술형

17
22쪽
유형9

나타내는 수가 더 큰 것을 찾아 기호를 쓰려고 합니다. 풀이 과정을 쓰고 답을 구해 보세요.

> ㉠ 672부터 10씩 5번 뛰어 센 수
> ㉡ 718부터 1씩 3번 뛰어 센 수

풀이 ▶

_____

_____

_____

답 ▶ _____

✏️서술형

18
22쪽
유형10

세 자리 수의 일부가 보이지 않습니다. 큰 수부터 차례대로 기호를 쓰려고 합니다. 풀이 과정을 쓰고 답을 구해 보세요.

> ㉠ 3▮8   ㉡ 5▮3   ㉢ 4▮1

풀이 ▶

_____

_____

답 ▶ _____

19
23쪽
유형12

수 카드 3장을 모두 사용하여 가장 큰 세 자리 수와 가장 작은 세 자리 수를 각각 만들어 보세요.

[9] [5] [2]

가장 큰 세 자리 수 (   )
가장 작은 세 자리 수 (   )

20 백의 자리 숫자가 6, 십의 자리 숫자가 8인 세 자리 수 중에서 686보다 큰 수를 모두 구해 보세요.

(   )

점수

🔗 18~23쪽에서 같은 유형의 문제를 더 풀 수 있어요.

1 단원

01 다음이 나타내는 수를 써 보세요.

90보다 10만큼 더 큰 수

(   )

02 수 모형을 보고 ☐ 안에 알맞은 수나 말을 써넣으세요.

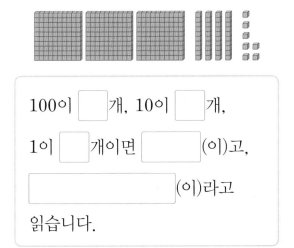

100이 ☐ 개, 10이 ☐ 개,

1이 ☐ 개이면 ☐ (이)고,

☐ (이)라고

읽습니다.

03 수로 써 보세요.

칠백십일

(   )

04 두 수의 크기를 비교하여 ◯ 안에 >, =, <를 알맞게 써넣으세요.

550 ◯ 497

05 모형이 나타내는 수를 쓰고 읽어 보세요.

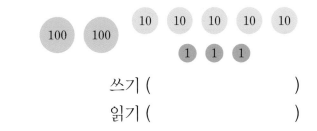

쓰기 (   )

읽기 (   )

06 보기와 같이 빈칸에 알맞은 수를 써넣으세요.

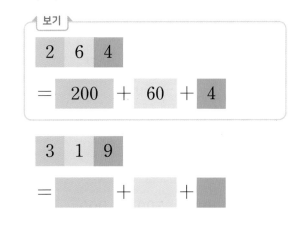

07 왼쪽과 오른쪽을 연결하여 100이 되도록 선으로 이어 보세요.

30

40

⚡ AI가 뽑은 정답률 낮은 문제

08 100씩 거꾸로 뛰어 세어 보세요.

🔗 21쪽 유형 7

829

09 숫자 6이 나타내는 값이 다른 하나를 찾아 기호를 써 보세요.

⊙ 615   ⓒ 361   ⓒ 460

(   )

10~11 수직선을 보고 물음에 답해 보세요.

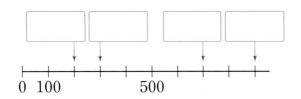

0 100   500

10 보기에서 알맞은 수를 찾아 ☐ 안에 알맞게 써넣으세요.

보기
300   700   900   200

11 색칠한 칸의 수와 더 가까운 수에 ○표 해 보세요.

300   600   800

📎18쪽
유형1

⚡ AI가 뽑은 정답률 낮은 문제
12 수 배열표에서 색칠한 수는 몇씩 뛰어 센 것인지 구해 보세요.

510	520	530	540	550
610	620	630	640	650
710	720	730	740	750
810	820	830	840	850

(   )

13 어느 과일 가게에 사과는 435개 있고, 배는 오백 개 있습니다. 이 가게에 있는 사과와 배 중에서 더 적은 과일은 어느 것인지 구해 보세요.

(   )

📎19쪽
유형3

⚡ AI가 뽑은 정답률 낮은 문제
14 ⊙과 ⓒ이 나타내는 수의 백의 자리 숫자를 각각 구해 보세요.

⊙ 100이 4개, 10이 19개, 1이 1개인 수
ⓒ 100이 2개, 10이 5개, 1이 12개인 수

⊙ (   )
ⓒ (   )

📎22쪽
유형9

⚡ AI가 뽑은 정답률 낮은 문제
15 혜온이는 340원이 들어 있던 저금통에 100원씩 5번 저금했습니다. 저금통에 들어 있는 돈은 얼마인지 구해 보세요.

(   )

16 AI가 뽑은 정답률 낮은 문제

⊘ 19쪽 유형 4

하늘이와 친구들의 줄넘기 횟수를 조사하여 나타낸 표입니다. 줄넘기 횟수가 가장 적은 사람은 누구인지 이름을 써 보세요.

줄넘기 횟수

이름	하늘	미호	현진
횟수(회)	187	221	303

( )

17 숫자 2가 나타내는 값이 가장 큰 수와 가장 작은 수를 각각 찾아 차례대로 기호를 써 보세요.

⊙ 527   ⓒ 207   ⓒ 782

(,)

18 AI가 뽑은 정답률 낮은 문제

⊘ 21쪽 유형 8

도서관을 방문한 학생 수를 조사하여 나타낸 표입니다. 도서관을 방문한 학생은 3월이 4월보다 더 많았습니다. ☐ 안에 들어갈 수 있는 수를 모두 찾아 ○표 해 보세요.

도서관을 방문한 학생 수

월	3월	4월
학생 수(명)	51☐	516

0	1	2	3	4
5	6	7	8	9

19 AI가 뽑은 정답률 낮은 문제   📝서술형

⊘ 21쪽 유형 7

670부터 거꾸로 뛰어 센 것입니다. 같은 방법으로 574부터 거꾸로 4번 뛰어 센 수는 얼마인지 풀이 과정을 쓰고 답을 구해 보세요.

670 — 660 — 650 — 640

풀이 ▶ _____

_____

_____

답 ▶ _____

20 AI가 뽑은 정답률 낮은 문제   📝서술형

⊘ 23쪽 유형 11

조건에 맞는 세 자리 수를 구하려고 합니다. 풀이 과정을 쓰고 답을 구해 보세요.

조건
• 백의 자리 수는 300보다 크고 400보다 작습니다.
• 십의 자리 숫자는 80을 나타냅니다.
• 일의 자리 수는 7보다 큰 홀수입니다.

풀이 ▶ _____

_____

_____

답 ▶ _____

1단원 틀린 유형 다시 보기

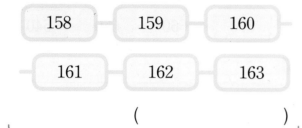

유형 1 뛰어 센 규칙 찾기

몇씩 뛰어 세었는지 구해 보세요.

158	—	159	—	160

161	—	162	—	163

( )

❶Tip 일의 자리 숫자가 1씩 커지고 있어요.

1 -1 몇씩 뛰어 세었는지 구해 보세요.

242	—	252	—	262

272	—	282	—	292

( )

1 -2 뛰어 셀 때 ★에 알맞은 수를 구해 보세요.

369	—	379	—	389

		★

( )

1 -3 빈칸에 알맞은 수를 써넣으세요.

103	—	203	—	

	—		—	603

유형 2 10이 ●0개인 수 알아보기

귤이 한 봉지에 10개씩 들어 있습니다. 오늘 가게에서 판매한 귤이 모두 30봉지였다면 오늘 가게에서 판매한 귤은 모두 몇 개인지 구해 보세요.

( )

❶Tip 10이 10개이면 100이에요.

2 -1 쿠키가 한 상자에 10개씩 들어 있습니다. 50상자에 들어 있는 쿠키는 모두 몇 개인지 구해 보세요.

( )

2 -2 지우개가 한 상자에 10개씩 들어 있습니다. 60상자에 들어 있는 지우개는 모두 몇 개인가요? ( )

① 500개　　　② 60개
③ 600개　　　④ 70개
⑤ 700개

2 -3 모두 얼마인지 구해 보세요.

( )

🔗 3회 15번 🔗 4회 14번

유형 3 세 자리 수를 여러 가지 방법으로 나타내기

다음이 나타내는 수를 구해 보세요.

> 100이 1개, 10이 11개, 1이 2개인 수

( )

❶Tip 10이 11개인 수는 100이 1개, 10이 1개인 수와 같아요.

3-1 다음이 나타내는 수를 구해 보세요.

> 100이 5개, 10이 13개, 1이 14개인 수

( )

3-2 ☐ 안에 알맞은 수를 써넣으세요.

100이 2개 ⎤
10이 19개 ⎬ 이면 ☐ 입니다.
1이 5개 ⎦

3-3 수 모형으로 나타낸 수를 구해 보세요.

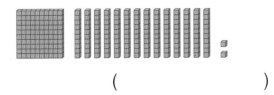

( )

🔗 1회 16번 🔗 4회 16번

유형 4 세 수의 크기 비교하기

가장 큰 수를 찾아 기호를 써 보세요.

> ㉠ 758
> ㉡ 619
> ㉢ 432

( )

❶Tip 세 자리 수의 크기를 비교할 때는 백의 자리 수부터 비교하고, 백의 자리 수가 같으면 십의 자리 수, 십의 자리 수가 같으면 일의 자리 수끼리 비교해요.

4-1 어느 해 3월부터 5월까지 도서관 방문자 수를 조사하여 나타낸 표입니다. 방문자가 가장 적은 달은 몇 월인지 구해 보세요.

월별 도서관 방문자 수

월	3월	4월	5월
방문자 수(명)	609	549	582

( )

4-2 붙임딱지를 영주는 120장, 우석이는 209장, 지호는 184장 모았습니다. 붙임딱지를 많이 모은 사람부터 차례대로 이름을 써 보세요.

( )

1 단원

1회 17번

유형 5 수 모형으로 나타낼 수 있는 수 구하기

수 모형 4개 중 3개를 사용하여 나타낼 수 있는 세 자리 수를 모두 찾아 ○표 해 보세요.

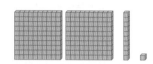

| 101 | 110 | 111 | 201 | 210 |

❶Tip 세 자리 수를 만들어야 하므로 백 모형을 2개 또는 1개 사용해야 해요.

5-1 수 모형 5개 중 3개를 사용하여 나타낼 수 있는 세 자리 수를 모두 찾아 ○표 해 보세요.

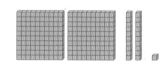

| 120 | 111 | 201 | 210 | 220 |

5-2 수 모형 6개 중 3개를 사용하여 나타낼 수 있는 세 자리 수를 모두 찾아 ○표 해 보세요.

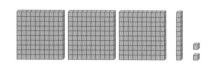

| 202 | 201 | 310 | 102 | 112 |

1회 19번   3회 16번

유형 6 수 카드를 사용하여 세 자리 수 만들기

수 카드 3장을 모두 사용하여 십의 자리 숫자가 80을 나타내는 세 자리 수를 만들어 보세요.

| 0 | 1 | 8 |

(   )

❶Tip 십의 자리 숫자가 80을 나타내므로 십의 자리 숫자는 8이고, 세 자리 수이므로 백의 자리에는 0을 놓을 수 없어요.

6-1 수 카드 3장을 모두 사용하여 만들 수 있는 세 자리 수는 모두 몇 개인지 구해 보세요.

| 7 | 6 | 0 |

(   )

6-2 수 카드 4장 중에서 3장을 골라 세 자리 수를 만들려고 합니다. 백의 자리 숫자가 5인 수는 모두 몇 개 만들 수 있는지 구해 보세요.

| 2 | 1 | 8 | 5 |

(   )

유형 7 거꾸로 뛰어 세기

⃝ 4회 8, 19번

100씩 거꾸로 뛰어 세어 보세요.

981	—	881	—	781	—

| | — | | — | | |

❶ Tip 100씩 거꾸로 뛰어 세면 백의 자리 숫자가 1씩 작아져요.

7-1 1씩 거꾸로 뛰어 세어 보세요.

472	—	471	—	470	—

| | — | | — | | |

7-2 10씩 거꾸로 뛰어 셀 때 ◆에 알맞은 수를 구해 보세요.

389	—	379	—	369	—

| | — | ◆ | — | | |

( )

7-3 얼마씩 거꾸로 뛰어 세었는지 구해 보세요.

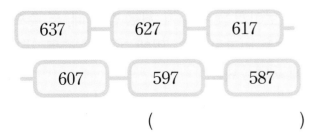

637	—	627	—	617	—
	607	—	597	—	587

( )

유형 8 ☐ 안에 들어갈 수 있는 수 구하기

⃝ 2회 17번   *⃝ 4회 18번*

0부터 9까지의 수 중에서 ☐ 안에 들어갈 수 있는 수를 모두 구해 보세요.

$$867 < 8\boxed{}4$$

( )

❶ Tip 867과 8☐4는 백의 자리 수가 같으므로 십의 자리 수를 비교하여 ☐ 안에 들어갈 수 있는 수를 구해요.

8-1 ☐ 안에 들어갈 수 있는 수를 보기에서 모두 찾아 ○표 해 보세요.

$$540 > 5\boxed{}1$$

보기
0	1	2	3	4
5	6	7	8	9

8-2 0부터 9까지의 수 중에서 ☐ 안에 공통으로 들어갈 수 있는 수를 모두 구해 보세요.

- 7☐3 > 752
- 497 < 49☐

( )

2회 19번 | **3회 17번** | **4회 15번**

유형 9 여러 번 뛰어 센 수 구하기

220부터 10씩 5번 뛰어 센 수를 구해 보세요.

(   )

ⓘTip 10씩 뛰어 세면 십의 자리 숫자가 1씩 커져요.

9-1 149부터 100씩 4번 뛰어 센 수를 구해 보세요.

(   )

9-2 471부터 10씩 3번 뛰어 센 수를 구해 보세요.

(   )

9-3 100이 7개, 10이 1개, 1이 6개인 수부터 100씩 2번 뛰어 센 수를 구해 보세요.

(   )

3회 18번

유형 10 일부가 가려진 수의 크기 비교하기

세 자리 수의 일의 자리 수가 보이지 않습니다. 두 수의 크기를 비교하여 ◯ 안에 >, =, <를 알맞게 써넣으세요.

72█ ◯ 68█

ⓘTip 백의 자리 수부터 차례대로 비교해요.

10-1 세 자리 수의 일의 자리 수가 보이지 않습니다. 두 수의 크기를 비교하여 ◯ 안에 >, =, <를 알맞게 써넣으세요.

55█ ◯ 56█

10-2 세 자리 수의 일부가 보이지 않습니다. 큰 수부터 차례대로 기호를 써 보세요.

㉠ 1█9   ㉡ 2█0   ㉢ 3█7

(   )

10-3 세 자리 수의 일부가 보이지 않습니다. 보이지 않는 수가 서로 같을 때, 두 수의 크기를 비교하여 ◯ 안에 >, =, <를 알맞게 써넣으세요.

2█0 ◯ 2█4

1 단원

🔗 4회 20번

유형 11 조건에 맞는 수 구하기

백의 자리 숫자가 6, 십의 자리 숫자가 4 인 세 자리 수 중에서 가장 큰 수를 구해 보세요.

(   )

❶Tip 백의 자리 숫자가 6, 십의 자리 숫자가 4인 세 자리 수를 64▢라고 하여 ▢ 안에 들어갈 수를 생각해요.

11-1 백의 자리 숫자가 2, 일의 자리 숫자가 4인 세 자리 수 중에서 가장 작은 수를 구해 보세요.

(   )

11-2 십의 자리 숫자가 1, 일의 자리 숫자가 2인 세 자리 수 중에서 312보다 작은 수를 모두 구해 보세요.

(   )

11-3 조건에 맞는 세 자리 수를 모두 구해 보세요.

┌─ 조건 ─
• 800보다 큰 수입니다.
• 십의 자리 숫자는 오십을 나타냅니다.
• 일의 자리 수는 2보다 작습니다.

(   )

🔗 3회 19번

유형 12 수 카드를 사용하여 가장 큰 (작은) 세 자리 수 만들기

수 카드 3장을 모두 사용하여 만들 수 있는 가장 큰 세 자리 수를 만들어 보세요.

[6] [5] [8]

(   )

❶Tip 가장 큰 수를 만들려면 백의 자리부터 큰 수를 차례대로 놓아야 해요.

12-1 수 카드 3장을 모두 사용하여 십의 자리 숫자가 7인 가장 작은 세 자리 수를 만들어 보세요.

[7] [1] [5]

(   )

12-2 수 카드 3장을 모두 사용하여 백의 자리 숫자가 3인 가장 큰 세 자리 수를 만들어 보세요.

[3] [5] [9]

(   )

12-3 수 카드 3장을 모두 사용하여 가장 큰 세 자리 수와 가장 작은 세 자리 수를 각각 만들어 보세요.

[9] [4] [2]

가장 큰 세 자리 수 (   )
가장 작은 세 자리 수 (   )

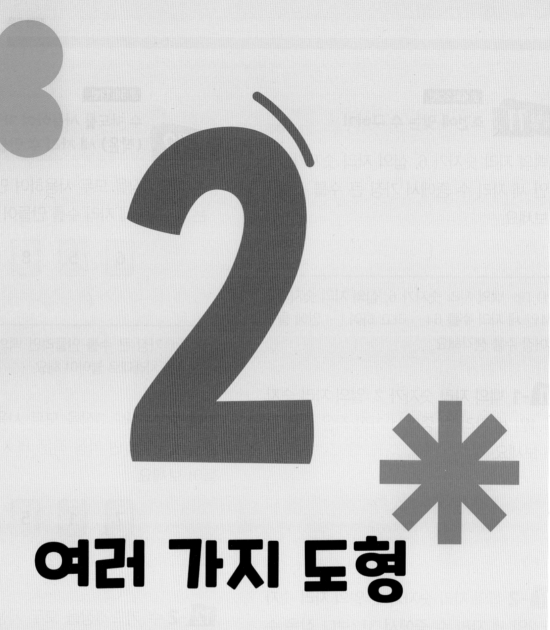

2

여러 가지 도형

여러 가지 도형

개념 ① 삼각형

그림과 같은 도형을 **삼각형**이라고 합니다.

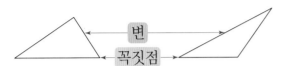

변
꼭짓점

삼각형은 변이 3개, 꼭짓점이 [ ]개입니다.
↳ 곧은 선   ↳ 곧은 선 2개가 만나는 점

개념 ② 사각형

그림과 같은 도형을 **사각형**이라고 합니다.

변
꼭짓점

사각형은 변이 [ ]개, 꼭짓점이 4개입니다.

개념 ③ 원

◆ 원

그림과 같은 도형을 **원**이라고 합니다.

◆ 원의 특징

① 뾰족한 부분과 (곧은 / 굽은) 선이 없습니다.

② 어느 쪽에서 보아도 똑같이 동그란 모양입니다.

③ 크기는 다르지만 모두 같은 모양입니다.

개념 ④ 칠교판으로 모양 만들기

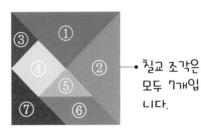

• 칠교 조각은 모두 7개입니다.

삼각형	사각형
①, ②, ③, ⑤, ⑦	[ ], [ ]

개념 ⑤ 쌓은 모양 알아보기

오른쪽
앞

빨간색 쌓기나무의 위와 오른쪽에 쌓기나무를 [ ]개씩 놓았습니다.

> 참고
> 쌓기나무를 쌓을 때에는 면과 면을 맞대어 반듯하게 쌓습니다.

개념 ⑥ 여러 가지 모양으로 쌓기

쌓기나무 3개가 옆으로 나란히 있고, 맨 오른쪽 쌓기나무의 앞에 쌓기나무가 [ ]개 더 있습니다.

정답 ❶ 3 ❷ 4 ❸ 곧은 ❹ ④, ⑥ ❺ 1 ❻ 1

01 원을 모두 찾아 선을 따라 그려 보세요.

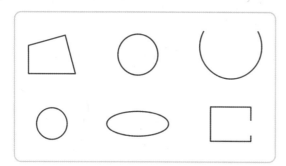

02~03 서로 다른 삼각형과 사각형을 각각 2개씩 그려 보세요.

02 삼각형 2개

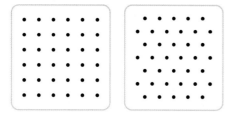

03 사각형 2개

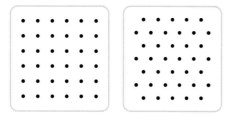

04~05 칠교판을 보고 물음에 답해 보세요.

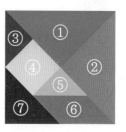

04 칠교 조각에서 삼각형과 사각형은 각각 몇 개인지 구해 보세요.

삼각형 (   )

사각형 (   )

05 칠교 조각 2개를 이용하여 오른쪽 모양을 만들려고 합니다. 나머지 한 조각을 찾아 번호를 써 보세요.

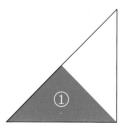

(   )

06 똑같은 모양으로 쌓으려면 쌓기나무가 몇 개 필요한지 구해 보세요.

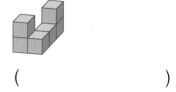

(   )

07 ☐ 안에 공통으로 들어갈 수를 구해 보세요.

• 사각형은 변이 ☐개입니다.
• 사각형은 꼭짓점이 ☐개입니다.

(   )

08 보기와 똑같은 모양으로 쌓은 모양을 찾아 ○표 해 보세요.

보기

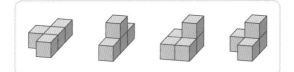

09 설명하는 쌓기나무를 찾아 ○표 해 보세요.

파란색 쌓기나무의 오른쪽에 있는 쌓기나무

오른쪽

앞

서술형

10 삼각형 안에 있는 수들의 합을 구하려고 합니다. 풀이 과정을 쓰고 답을 구해 보세요.

풀이 ▶ _____

_____

_____

답 ▶ _____

11 원에 대해 잘못 설명한 것을 찾아 기호를 써 보세요.

㉠ 뾰족한 곳이 없습니다.
㉡ 곧은 선이 있습니다.
㉢ 어느 쪽에서 보아도 똑같이 동그란 모양입니다.

(   )

12 그림에서 원은 모두 몇 개인지 구해 보세요.

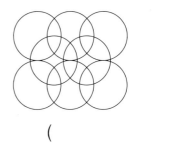

(   )

13 쌓기나무의 수가 다른 것을 찾아 ○표 해 보세요.

14 삼각형과 사각형의 같은 점을 찾아 기호를 써 보세요.

㉠ 변이 4개입니다.
㉡ 꼭짓점이 3개입니다.
㉢ 곧은 선들로 둘러싸여 있습니다.
㉣ 굽은 선이 있습니다.

(   )

15 종이를 선을 따라 잘랐을 때 생기는 삼각형의 변의 수의 합은 모두 몇 개인지 구해 보세요.

@ 39쪽
유형 3

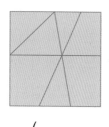

(   )

16 조건에 알맞은 도형을 그려 보세요.

@ 40쪽
유형 6

조건
• 변이 3개, 꼭짓점이 3개입니다.
• 도형의 안쪽에 점이 3개 있습니다.

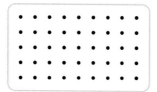

17 설명에 맞게 쌓기나무를 쌓으려고 합니다. 쌓기나무를 1개 더 놓아야 하는 곳은 어디인지 기호를 써 보세요.

쌓기나무 3개가 옆으로 나란히 1층으로 있습니다. 맨 왼쪽 쌓기나무의 앞과 뒤에 쌓기나무가 각각 1개씩 더 있고, 맨 오른쪽 쌓기나무의 위에 쌓기나무가 1개 더 있습니다.

(   )

 서술형

18 쌓기나무 10개로 다음 모양을 만들고 남은 쌓기나무는 몇 개인지 풀이 과정을 쓰고 답을 구해 보세요.

@ 41쪽
유형 8

풀이 ▶

＿＿＿＿＿＿＿＿＿＿＿＿＿＿

＿＿＿＿＿＿＿＿＿＿＿＿＿＿

＿＿＿＿＿＿＿＿＿＿＿＿＿＿

답 ▶

＿＿＿＿＿＿＿＿＿＿＿＿＿＿

19~20 보기의 조각을 보고 물음에 답해 보세요.

보기

19 보기의 조각을 모두 한 번씩 이용하여 만들 수 없는 모양을 찾아 ○표 해 보세요.

@ 42쪽
유형 10

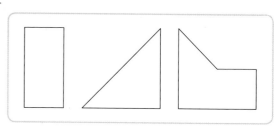

20 보기의 조각을 모두 이용하여 만들 수 있는 서로 다른 사각형은 모두 몇 개인지 구해 보세요. (단, 뒤집거나 돌려서 같으면 같은 모양입니다.)

(   )

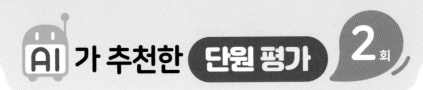
01 재윤이와 오성이가 쌓기나무로 높이 쌓기 놀이를 하고 있습니다. 더 높이 쌓을 수 있는 사람은 누구인지 이름을 써 보세요.

(   )

02 물건을 본떠서 원을 그리기에 알맞은 것을 찾아 ○표 해 보세요.

03 삼각형을 모두 찾아 기호를 써 보세요.

(   )

04 ☐ 안에 알맞은 말이나 수를 써넣으세요.

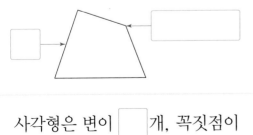

사각형은 변이 ☐ 개, 꼭짓점이

☐ 개입니다.

05 빨간색 쌓기나무의 뒤에 있는 쌓기나무에 ○표 해 보세요.

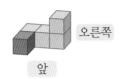

06 사각형 3개를 완성해 보세요.

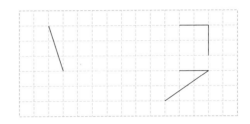

07 원은 모두 몇 개인지 구해 보세요.

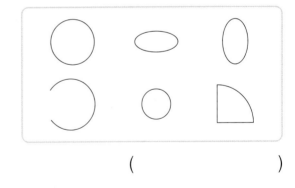

(   )

08 칠교 조각 중 삼각형은 사각형보다 몇 개 더 많은지 구해 보세요.

(   )

09 원에 대해 바르게 설명한 것을 모두 고르세요. ( )

① 완전히 동그란 모양입니다.
② 뾰족한 부분이 있습니다.
③ 곧은 선으로만 되어 있습니다.
④ 모든 원은 크기와 모양이 모두 같습니다.
⑤ 길쭉하거나 찌그러진 곳이 없습니다.

10 쌓기나무 5개로 만든 모양이 아닌 것을 찾아 기호를 써 보세요.

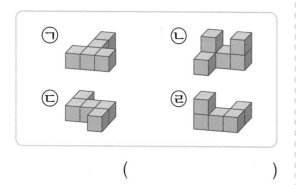

( )

11 꼭짓점이 많은 도형부터 차례대로 기호를 써 보세요.

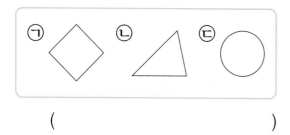

( )

12 삼각형만으로 그린 그림이 아닌 것을 찾아 기호를 써 보세요.

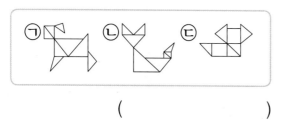

( )

13 쌓기나무로 쌓은 모양에 대한 설명입니다. ☐ 안에 '위, 아래, 앞, 뒤, 왼쪽, 오른쪽' 중에서 알맞은 말을 골라 써넣으세요.

파란색 쌓기나무가 1개 있고, 그
☐ 에 쌓기나무가 2개 있습니다. 그리고 파란색 쌓기나무
☐ 에 쌓기나무가 1개 있습니다.

14 칠교 조각 중에서 2개로 ⑥과 같은 모양을 만들려고 합니다. 필요한 조각의 번호를 써 보세요.

(,)

AI가 뽑은 정답률 낮은 문제
15
🔗 38쪽
유형 2
다음에서 설명하는 도형의 이름을 써 보세요.

• 곧은 선 4개를 이용하여 그릴 수 있습니다.
• 두 곧은 선이 만나는 점은 4개입니다.

( )

16 **조건**에 알맞은 모양을 찾아 기호를 써 보세요.

> **조건**
> • 삼각형 밖에 사각형이 있습니다.
> • 원 안에 사각형이 있습니다.

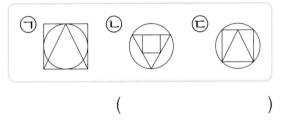

(   )

AI가 **뽑은** 정답률 낮은 **문제**   ✏️서술형

17 오른쪽 모양은 쌓기나무 4개로 쌓은 모양입니다. 쌓은 모양을 설명한 것을 보고 잘못된 부분을 찾아 바르게 고쳐 보세요.

📎40쪽   유형 **5**

 오른쪽 / 앞

> 쌓기나무 3개가 옆으로 나란히 있습니다. 맨 왼쪽 쌓기나무의 위에 쌓기나무가 1개 있습니다.

답 ▶
_____
_____

AI가 **뽑은** 정답률 낮은 **문제**

18 그림에서 찾을 수 있는 크고 작은 삼각형은 모두 몇 개인지 구해 보세요.

📎41쪽   유형 **7**

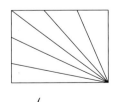

(   )

AI가 **뽑은** 정답률 낮은 **문제**   ✏️서술형

19 다음 모양을 만들고 남은 쌓기나무는 7개입니다. 처음에 가지고 있던 쌓기나무는 몇 개였는지 풀이 과정을 쓰고 답을 구해 보세요.

📎42쪽   유형 **9**

풀이 ▶
_____
_____
_____

답 ▶
_____

AI가 **뽑은** 정답률 낮은 **문제**

20 조건에 따라 오른쪽 모양의 쌓기나무를 색칠하려고 합니다. ㉠ 쌓기나무는 무슨 색으로 칠해야 하는지 구해 보세요.

📎43쪽   유형 **11**

 오른쪽 / 앞

> **조건**
> • 빨간색 쌓기나무의 뒤쪽 쌓기나무는 노란색입니다.
> • 노란색 쌓기나무의 위쪽 쌓기나무는 파란색입니다.
> • 파란색 쌓기나무의 왼쪽 쌓기나무는 보라색입니다.

(   )

2 단원

01 ☐ 안에 알맞은 말을 써넣으세요.

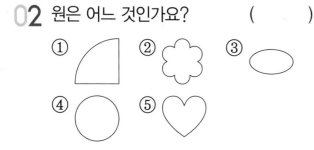

그림과 같은 도형을
☐ (이)라고 합니다.

02 원은 어느 것인가요? ( )

① ② ③
④ ⑤

03~04 똑같은 모양으로 쌓으려면 쌓기나무가 모두 몇 개 필요한지 구해 보세요.

03

( )

04

( )

05 삼각형의 꼭짓점을 모두 찾아 ○표 해 보세요.

06 칠교 조각 2개를 이용하여 오른쪽 모양을 만들려고 합니다. 나머지 한 조각을 찾아 번호를 써 보세요.

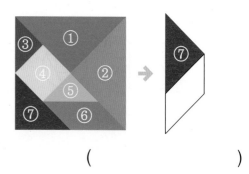

( )

🖊️서술형

07 오른쪽 도형이 원인지 아닌지 쓰고, 그 이유를 써 보세요.

답▶
_____
_____
_____

⚡AI가 뽑은 정답률 낮은 **문제**

08 변과 꼭짓점이 각각 4개인 도형의 이름을 써 보세요.

🔗38쪽
유형 2

( )

09 칠교 조각으로 오른쪽 모양을 만드는 데 이용한 삼각형과 사각형은 각각 몇 개인지 구해 보세요.

삼각형 ( )
사각형 ( )

10 칠교 조각에 대해 잘 못 설명한 것을 찾아 기호를 써 보세요.

┌─────────────────────────┐
│ ㉠ 칠교 조각 중 삼각형은 5개입 │
│   니다.   │
│ ㉡ 칠교 조각 중 사각형은 2개입 │
│   니다.   │
│ ㉢ 칠교 조각 중 가장 작은 조각은 │
│   사각형입니다.   │
└─────────────────────────┘

(   )

11 삼각형에 대해 바르게 말한 사람을 모두 찾아 이름을 써 보세요.

┌─────────────────────────┐
│ • 대형: 꼭짓점이 3개입니다.   │
│ • 연아: 곧은 선으로 둘러싸여 있 │
│   습니다.   │
│ • 지혜: 동그란 모양입니다.   │
│ • 태균: 변이 4개입니다.   │
└─────────────────────────┘

(   )

12 삼각형과 사각형의 같은 점이 아닌 것을 찾아 기호를 써 보세요.

┌─────────────────────────┐
│ ㉠ 곧은 선으로 되어 있습니다. │
│ ㉡ 변과 꼭짓점의 개수가 각각 3개 │
│   입니다.   │
│ ㉢ 둥근 부분이 없습니다.   │
│ ㉣ 뾰족한 부분이 있습니다.   │
└─────────────────────────┘

(   )

13 그림에서 가장 많이 사용한 도형은 무엇인지 풀이 과정을 쓰고 답을 구해 보세요.

🔗 38쪽
유형 1

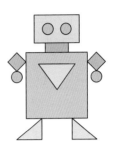

풀이 ▶
_____
_____
_____

답 ▶
_____

14 그림에서 원은 모두 몇 개인지 구해 보세요.

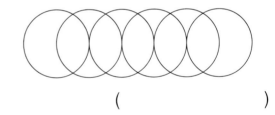

(   )

15 리나가 처음에 가지고 있던 쌓기나무는 몇 개였는지 구해 보세요.

🔗 42쪽
유형 9

┌──────────────┐
│ 오른쪽 모양을   │
│ 만들고 나니   │
│ 쌓기나무가   │
│ 4개 남았어.   │
└──────────────┘
리나

오른쪽
앞

(   )

2 단원

16 오른쪽 색종이에 세 점을 꼭 짓점으로 하는 삼각형을 그 리려고 합니다. 그린 삼각형 의 변을 따라 자르면 삼각형이 몇 개 만 들어지는지 구해 보세요.

(   )

17 칠교 조각 중에서 3개로 ②번 조각을 만들려고 합니다. 만들 수 있는 방법을 모두 써 보세요.

(③, ④, ⬚), (⬚, ⬚, ⑥),
(③, ⑤, ⬚)

18 로봇은 명령대로 쌓기나무를 쌓아 모양을 만듭니다. 오른쪽 모양으로 쌓기 나무를 쌓으려고 할 때 필요한 명령어를 모두 찾아 기호를 써 보세요.

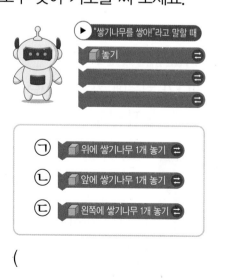

(   )

19 쌓기나무로 쌓은 모양에 대한 설명입니다. 맞는 것에 ○표, 틀린 것에 ×표 해 보세요.

• 쌓기나무 4개로 만든 모양입니다.

(   )

• 쌓기나무 2개가 옆으로 나란히 있 습니다. 왼쪽 쌓기나무의 위에 쌓기 나무가 2개, 오른쪽 쌓기나무의 뒤 에 쌓기나무가 1개 있습니다.

(   )

• 1층에는 쌓기나무가 4개 있고, 2층 에는 쌓기나무가 1개 있습니다.

(   )

20 보기의 모양에서 쌓기나무 1개를 옮겨 만들 수 있는 모양을 모두 찾아 기호를 써 보세요.

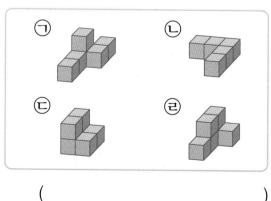

(   )

2 단원

01 쌓기나무를 쌓고 있는 모습입니다. 더 높이 쌓을 수 있는 것에 ○표 해 보세요.

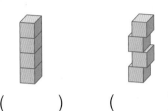

(   )   (   )

02 ☐ 안에 알맞은 말을 써넣으세요.

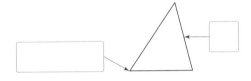

03~04 도형을 보고 물음에 답해 보세요.

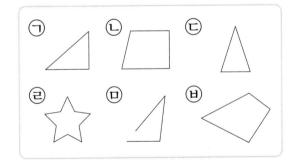

03 삼각형은 모두 몇 개인지 구해 보세요.

(   )

04 꼭짓점이 4개인 도형을 모두 찾아 기호를 써 보세요.

(   )

05 칠교 조각이 삼각형이면 △, 사각형이면 ☐로 표시해 보세요.

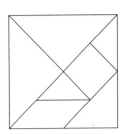

06 관계있는 것끼리 선으로 이어 보세요.

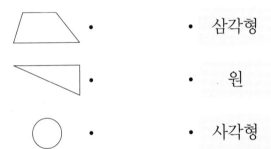

·   · 삼각형

·   · 원

·   · 사각형

07 원이 아닌 것을 찾아 기호를 써 보세요.

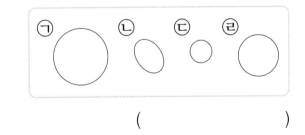

(   )

08 왼쪽 학교와 똑같은 모양으로 쌓기나무를 쌓은 것에 ○표 해 보세요.

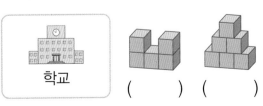

학교   (   ) (   )

09 사각형 모양의 물건을 찾아 기호를 써 보세요.

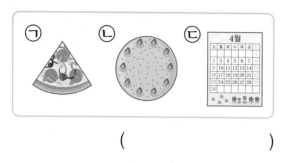

(   )

서술형

10 다음 도형들의 꼭짓점의 개수의 합은 모두 몇 개인지 풀이 과정을 쓰고 답을 구해 보세요.

| 원 | 삼각형 | 사각형 |

풀이 ▶
_____
_____
_____

답 ▶ _____

11 원 안에 있는 수들의 합을 구해 보세요.

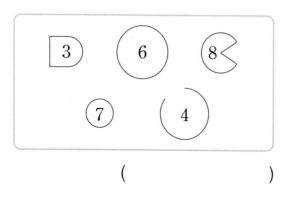

(   )

12 칠교 조각에 대해 바르게 말한 사람은 누구인지 이름을 써 보세요.

- **지수**: 칠교 조각 중 가장 큰 조각은 사각형입니다.
- **리아**: 칠교 조각에는 삼각형과 사각형이 있습니다.
- **백호**: 칠교 조각 중 사각형이 삼각형보다 3개 더 많습니다.

(   )

13 오른쪽 모양에 대한 설명입니다. 보기에서 알맞은 말을 골라 ☐ 안에 써넣으세요.

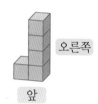

보기
| 위 | 아래 | 앞 | 뒤 |

쌓기나무 2개가 옆으로 나란히 있고, 오른쪽 쌓기나무의 ☐ 에 쌓기나무가 3개 있습니다.

AI가 **뽑은** 정답률 **낮은** 문제

14 예준이가 설명하는 도형의 이름을 써 보세요.

🔗 38쪽
유형 **2**

곧은 선 3개로 된 도형이야.
변의 수와 꼭짓점의
수의 합은 6이야.

예준

(   )

15 설명에 맞게 쌓은 모양에 ○표 해 보세요.

> 쌓기나무 3개가 옆으로 나란히 있고, 가운데 쌓기나무의 앞과 위에 쌓기나무가 1개씩 있습니다.

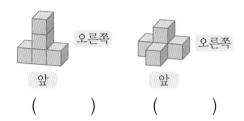

(   )   (   )

16 주어진 조각을 모두 한 번씩 이용하여 모양을 만들어 보세요.

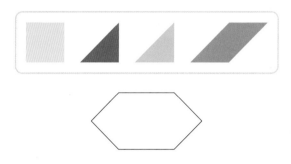

⚡ **AI가 뽑은** 정답률 낮은 **문제**

17 왼쪽 모양에서 쌓기나무 1개를 옮겨 오른쪽과 똑같은 모양을 만들려고 합니다. 옮겨야 할 쌓기나무에 ○표 해 보세요.

    🔗 39쪽   유형 4

⚡ **AI가 뽑은** 정답률 낮은 **문제**

18 주어진 선을 한 변으로 하는 사각형을 그리려고 합니다. 도형의 안쪽에 점이 6개가 되도록 사각형을 그려 보세요.

    🔗 40쪽   유형 6

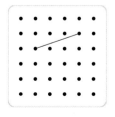

⚡ **AI가 뽑은** 정답률 낮은 **문제**   ✏️서술형

19 그림에서 찾을 수 있는 크고 작은 삼각형은 모두 몇 개인지 풀이 과정을 쓰고 답을 구해 보세요.

    🔗 41쪽   유형 7

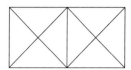

풀이 ▶

_____

_____

_____

답 ▶

_____

⚡ **AI가 뽑은** 정답률 낮은 **문제**

20 조건에 따라 오른쪽 모양의 쌓기나무를 색칠한 것을 찾아 ○표 해 보세요.

    🔗 43쪽   유형 11

> ⎡ 조건 ⎤
> • 빨간색 쌓기나무의 뒤쪽 쌓기나무는 노란색입니다.
> • 초록색 쌓기나무의 오른쪽 쌓기나무는 파란색입니다.

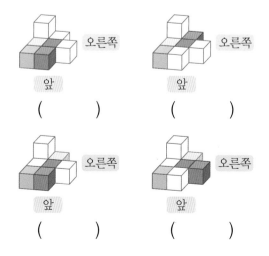

(   )   (   )

(   )   (   )

🔗 3회 13번

유형 1 그림에서 가장 많이(적게) 사용한 도형 구하기

그림에서 가장 많이 사용한 도형의 이름을 써 보세요.

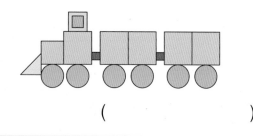

( )

❶Tip 각 도형이 몇 개씩 있는지 세어요.

1-1 그림에서 가장 많이 사용한 도형과 가장 적게 사용한 도형의 이름을 써 보세요.

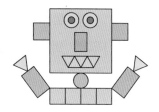

가장 많이 사용한 도형 ( )

가장 적게 사용한 도형 ( )

1-2 그림에서 가장 많이 사용한 도형은 가장 적게 사용한 도형보다 몇 개 더 많은지 구해 보세요.

( )

🔗 2회 15번   🔗 3회 8번   🔗 4회 14번

유형 2 설명하는 도형 구하기

다음에서 설명하는 도형의 이름을 써 보세요.

- 곧은 선으로만 되어 있습니다.
- 꼭짓점이 3개입니다.

( )

❶Tip 꼭짓점이 3개이면 변도 3개예요.

2-1 다음에서 설명하는 도형의 이름을 써 보세요.

- 뾰족한 부분이 없습니다.
- 크기는 달라도 모양이 모두 같습니다.
- 곧은 선이 없고 굽은 선으로만 되어 있습니다.

( )

2-2 영은이가 설명하는 도형의 이름을 써 보세요.

곧은 선 4개로 된 도형이야. 변의 수와 꼭짓점의 수의 합은 8이야.

영은

( )

유형 3 종이를 잘랐을 때 생기는 도형의 수 구하기

🔗 1회 15번

종이를 선을 따라 자르면 삼각형과 사각형이 각각 몇 개 생기는지 구해 보세요.

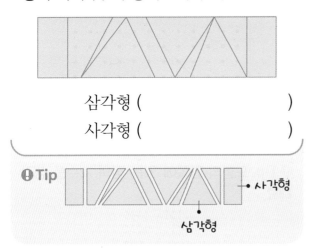

삼각형 (   )

사각형 (   )

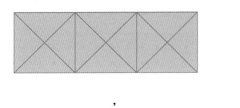

❶Tip ← 사각형, 삼각형

3-1 종이를 선을 따라 자르면 어떤 도형이 몇 개 생기는지 차례대로 써 보세요.

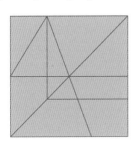

(,   )

3-2 종이를 선을 따라 자르면 삼각형과 사각형 중 어느 도형이 몇 개 더 많이 생기는지 차례대로 써 보세요.

(,   )

유형 4 쌓기나무를 옮겨서 똑같은 모양 만들기

🔗 4회 17번

왼쪽 모양에서 쌓기나무 1개를 옮겨 오른쪽과 똑같은 모양을 만들려고 합니다. 옮겨야 할 쌓기나무에 ○표 해 보세요.

❶Tip 왼쪽과 오른쪽 모양을 비교하여 쌓기나무가 사라진 위치와 쌓기나무가 새로 놓인 위치를 비교해요.

4-1 왼쪽 모양에서 쌓기나무 1개를 옮겨 오른쪽과 똑같은 모양을 만들려고 합니다. 옮겨야 할 쌓기나무에 ○표 해 보세요.

4-2 왼쪽 모양에서 쌓기나무 1개를 옮겨 오른쪽과 똑같은 모양을 만들려고 합니다. 옮겨야 할 쌓기나무를 찾아 기호를 써 보세요.

(   )

2단원

🔗 2회 17번

유형 5 쌓은 모양에 대한 설명 중에서 잘못된 부분을 바르게 고치기

쌓기나무 4개로 쌓은 모양에 대한 설명입니다. 잘못된 부분을 찾아 바르게 고쳐 보세요.

앞 / 오른쪽

쌓기나무 3개가 옆으로 나란히 있습니다. 가운데 쌓기나무의 앞에 쌓기나무가 1개 있습니다.

 답▶
_____

❶Tip 쌓기나무의 개수, 위치와 방향을 바르게 설명했는지 살펴봐요.

5-1 쌓기나무 5개로 쌓은 모양에 대한 설명입니다. 잘못된 부분을 모두 찾아 바르게 고쳐 보세요.

앞 / 오른쪽

쌓기나무 3개가 옆으로 나란히 있습니다. 맨 왼쪽과 가운데 쌓기나무의 위에 쌓기나무가 2개씩 있습니다.

 답▶
_____

🔗 1회 16번 🔗 4회 18번

유형 6 조건에 알맞은 도형 그리기

주어진 선을 한 변으로 하는 삼각형을 그리려고 합니다. 도형의 안쪽에 있는 점이 3개가 되도록 삼각형을 그려 보세요.

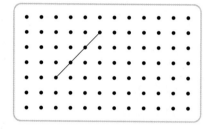

❶Tip 도형의 안쪽에 있는 점의 개수를 생각해요.

0개   1개

6-1 도형의 안쪽에 있는 점이 2개가 되도록 사각형을 그려 보세요.

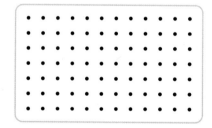

6-2 조건에 알맞은 도형을 그려 보세요.

조건
• 삼각형보다 변이 1개 더 많은 도형입니다.
• 도형의 안쪽에 점이 5개 있습니다.

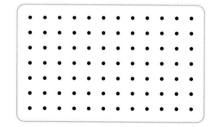

2회 18번 **4회 19번**

유형 7 그림에서 찾을 수 있는 크고 작은 도형의 수 구하기

그림에서 찾을 수 있는 크고 작은 사각형은 모두 몇 개인지 구해 보세요.

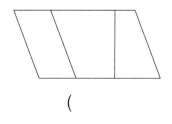

( )

❶ **Tip** 사각형 1개짜리, 사각형 2개짜리, 사각형 3개짜리로 이루어진 사각형이 각각 몇 개인지 구해요.

7-1 그림에서 찾을 수 있는 크고 작은 사각형은 모두 몇 개인지 구해 보세요.

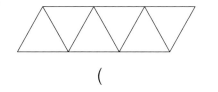

( )

7-2 그림에서 찾을 수 있는 크고 작은 삼각형은 모두 몇 개인가요? ( )

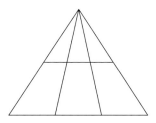

① 6개   ② 9개   ③ 10개
④ 11개   ⑤ 12개

1회 18번

유형 8 만들고 남은 쌓기나무의 개수 구하기

쌓기나무 8개로 다음과 같은 모양을 만들고 남은 쌓기나무는 몇 개인지 구해 보세요.

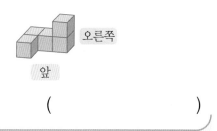

오른쪽

앞

( )

❶ **Tip** 8개에서 모양을 만드는 데 사용한 쌓기나무의 개수를 빼요.

8-1 쌓기나무 8개로 다음과 같은 모양을 만들고 남은 쌓기나무는 몇 개인지 구해 보세요.

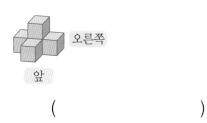

오른쪽

앞

( )

8-2 쌓기나무 15개로 다음 두 모양을 만들고 남은 쌓기나무는 몇 개인지 구해 보세요.

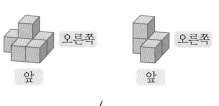

오른쪽   오른쪽
앞   앞

( )

🔗 2회 19번 🔗 3회 15번

유형 9 처음에 가지고 있던 쌓기나무의 개수 구하기

다음 모양을 만들고 남은 쌓기나무는 10개 입니다. 처음에 가지고 있던 쌓기나무는 몇 개였는지 구해 보세요.

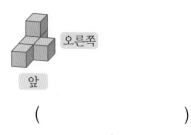

(   )

❶Tip 모양을 만드는 데 사용한 쌓기나무의 개수에 남은 쌓기나무의 개수인 10개를 더해요.

9-1 다음 모양을 만들고 남은 쌓기나무는 4개입니다. 처음에 가지고 있던 쌓기나무는 몇 개였는지 구해 보세요.

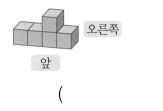

(   )

9-2 다음 두 모양을 만들고 남은 쌓기나무는 1개입니다. 처음에 가지고 있던 쌓기나무는 몇 개였는지 구해 보세요.

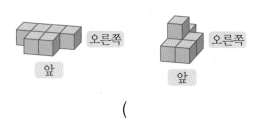

(   )

🔗 1회 19번

유형 10 주어진 조각으로 만들 수 없는 도형 구하기

보기의 조각을 모두 한 번씩 이용하여 만들 수 없는 모양에 ✕표 해 보세요.

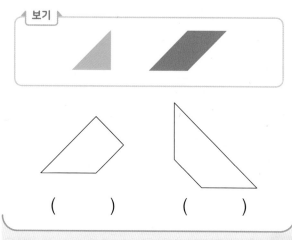

(   )   (   )

❶Tip 조각을 여러 방향으로 돌리거나 뒤집어 주어진 모양을 만들어요.

10-1 보기의 조각을 모두 한 번씩 이용하여 만들 수 없는 모양을 찾아 기호를 써 보세요.

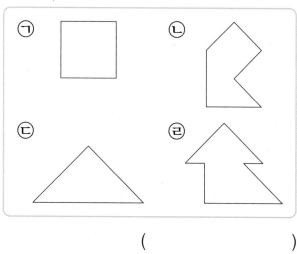

(   )

10-2 보기의 조각을 모두 한 번씩 이용하여 만들 수 없는 모양을 찾아 기호를 써 보세요.

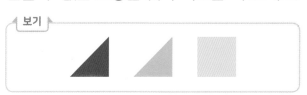

보기

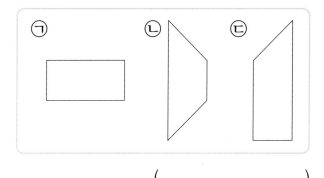

( )

2회 20번 **4회 20번**

유형 11 조건에 알맞은 쌓기나무 색깔 구하기

조건에 따라 오른쪽 모양의 쌓기나무를 색칠했습니다. ㉠ 쌓기나무의 색은 무슨 색인지 구해 보세요.

조건

- 초록색 쌓기나무의 뒤쪽 쌓기나무는 빨간색입니다.
- 빨간색 쌓기나무의 오른쪽 쌓기나무는 노란색입니다.
- 빨간색 쌓기나무의 위쪽 쌓기나무는 파란색입니다.

( )

⊙Tip 빨간색, 노란색, 파란색의 순서대로 쌓기나무를 찾아요.

11-1 조건에 따라 오른쪽 모양의 쌓기나무를 색칠했습니다. ㉠, ㉡, ㉢ 쌓기나무의 색은 각각 무슨 색인지 구해 보세요.

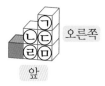

조건

- 빨간색 쌓기나무의 오른쪽 쌓기나무는 분홍색입니다.
- 초록색 쌓기나무의 아래쪽 쌓기나무는 파란색입니다.
- 파란색 쌓기나무의 오른쪽 쌓기나무는 보라색입니다.

㉠ ( )
㉡ ( )
㉢ ( )

11-2 조건에 따라 오른쪽 모양의 쌓기나무를 색칠했습니다. ㉠ 쌓기나무의 색은 무슨 색인지 구해 보세요.

조건

- 파란색 쌓기나무의 오른쪽 쌓기나무는 초록색입니다.
- 초록색 쌓기나무의 오른쪽 쌓기나무는 노란색입니다.
- 초록색 쌓기나무의 위쪽 쌓기나무는 빨간색입니다.
- 빨간색 쌓기나무의 오른쪽 쌓기나무는 분홍색입니다.
- 분홍색 쌓기나무의 위쪽 쌓기나무는 보라색입니다.

( )

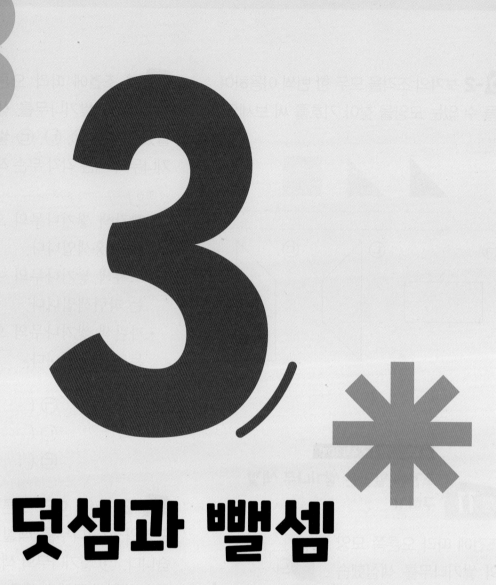

3, 덧셈과 뺄셈

덧셈과 뺄셈

개념 ① 받아올림이 있는 덧셈

◆일의 자리에서 받아올림이 있는
(두 자리 수)+(한 자리 수)

→ 일의 자리에서 받아올림한 수

$$
\begin{array}{r}
1\ \ \\
1\ 5 \\
+\ \ 6 \\
\hline
1
\end{array}
\ \Rightarrow\
\begin{array}{r}
1\ \ \\
1\ 5 \\
+\ \ 6 \\
\hline
2\ 1
\end{array}
$$

• 5+6=11   • 1+1=2

◆일의 자리에서 받아올림이 있는
(두 자리 수)+(두 자리 수)

$$
\begin{array}{r}
1\ \ \\
1\ 6 \\
+\ 2\ 9 \\
\hline
5
\end{array}
\ \Rightarrow\
\begin{array}{r}
1\ \ \\
1\ 6 \\
+\ 2\ 9 \\
\hline
\boxed{\ }\ 5
\end{array}
$$

• 6+9=15   • 1+1+2=4

◆십의 자리에서 받아올림이 있는
(두 자리 수)+(두 자리 수)

→ 십의 자리에서 받아올림한 수

$$
\begin{array}{r}
8\ 2 \\
+\ 4\ 5 \\
\hline
7
\end{array}
\ \Rightarrow\
\begin{array}{r}
1\ \ \\
8\ 2 \\
+\ 4\ 5 \\
\hline
2\ 7
\end{array}
\ \Rightarrow\
\begin{array}{r}
8\ 2 \\
+\ 4\ 5 \\
\hline
1\ 2\ 7
\end{array}
$$

• 2+5=7   • 8+4=12

개념 ② 받아내림이 있는 뺄셈

◆받아내림이 있는 (두 자리 수)−(한 자리 수)

일의 자리로 받아내림하고 남은 수 →

십의 자리에서 받아내림한 수 →

$$
\begin{array}{r}
\ \ \ 10 \\
\not2\ 1 \\
-\ \ 9 \\
\hline
2
\end{array}
\ \Rightarrow\
\begin{array}{r}
1\ 10 \\
\not2\ 1 \\
-\ \ 9 \\
\hline
\boxed{\ }
\end{array}
$$

• 11−9=2

◆받아내림이 있는 (두 자리 수)−(두 자리 수)

$$
\begin{array}{r}
3\ 10 \\
\not4\ 5 \\
-\ 1\ 8 \\
\hline
7
\end{array}
\ \Rightarrow\
\begin{array}{r}
3\ 10 \\
\not4\ 5 \\
-\ 1\ 8 \\
\hline
2\ 7
\end{array}
$$

• 15−8=7   • 3−1=2

개념 ③ 세 수의 계산

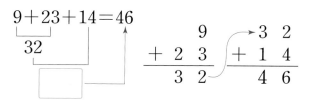

◆9+23+14의 계산

$$9+23+14=46$$
32

$$
\begin{array}{r}
9 \\
+\ 2\ 3 \\
\hline
3\ 2
\end{array}
\ \to\
\begin{array}{r}
3\ 2 \\
+\ 1\ 4 \\
\hline
4\ 6
\end{array}
$$

◆31−16−8의 계산

$$31-16-8=7$$
15
7

$$
\begin{array}{r}
3\ 1 \\
-\ 1\ 6 \\
\hline
1\ 5
\end{array}
\ \to\
\begin{array}{r}
1\ 5 \\
-\ \ 8 \\
\hline
7
\end{array}
$$

개념 ④ 덧셈과 뺄셈의 관계를 식으로 나타내기

◆덧셈식을 뺄셈식으로 나타내기

$$5+26=31 \begin{cases} 31-5=26 \\ 31-26=5 \end{cases}$$

◆뺄셈식을 덧셈식으로 나타내기

$$33-19=14 \begin{cases} \boxed{\ }+19=33 \\ 19+14=33 \end{cases}$$

개념 ⑤ □가 사용된 식을 만들고 □의 값 구하기

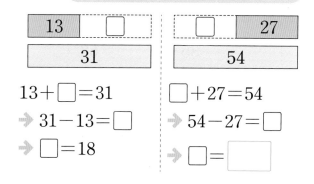

13	□
31	

□	27
54	

$$13+\boxed{\ }=31$$
➡ $31-13=\boxed{\ }$
➡ $\boxed{\ }=18$

$$\boxed{\ }+27=54$$
➡ $54-27=\boxed{\ }$
➡ $\boxed{\ }=\boxed{\ }$

정답 ❶4 ❷12 ❸46 ❹14 ❺27

01 그림을 보고 덧셈을 해 보세요.

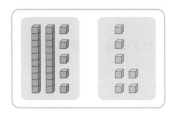

$$25+7=\boxed{}$$

02~03 계산해 보세요.

02
$$\begin{array}{r} 1\ 9 \\ +\ 3\ 4 \\ \hline \end{array}$$

03
$$\begin{array}{r} 2\ 1 \\ -\quad\ 9 \\ \hline \end{array}$$

04 그림을 보고 덧셈식을 뺄셈식으로 나타내어 보세요.

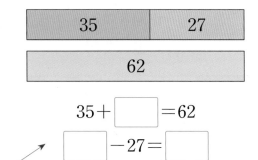

$$35+\boxed{}=62$$

$$\boxed{}-27=\boxed{}$$

$$\boxed{}-\boxed{}=\boxed{}$$

AI가 뽑은 정답률 낮은 문제

05 ☐ 안에 알맞은 수를 써넣으세요.

🔗58쪽 유형1

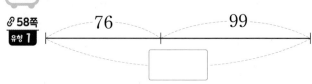

06 빈칸에 두 수의 차를 써넣으세요.

60	31

07 뺄셈식을 덧셈식으로 나타내어 보세요.

$$23-9=14$$

$$14+\boxed{}=\boxed{}$$

$$\boxed{}+\boxed{}=\boxed{}$$

08 딸기가 12개가 있었는데 몇 개를 먹었더니 6개가 남았습니다. 먹은 딸기의 수를 ☐로 하여 뺄셈식을 만들고, ☐의 값을 구해 보세요.

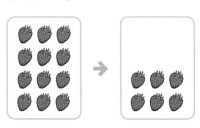

뺄셈식 _____

☐의 값 _____

09 계산 결과가 16보다 큰 조각에 모두 색칠해 보세요.

| 82−65 | 75−57 | 44−29 |

10 ☐ 안에 들어갈 수가 같은 것끼리 선으로 이어 보세요.

$16+☐=25$ $52−☐=29$

$☐+9=32$ $91−☐=82$

11 위의 두 수의 차를 구하여 아래 빈칸에 써넣으세요.

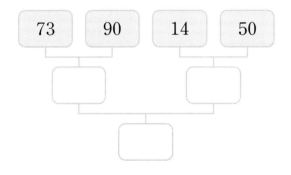

12 동물원에 암사자가 28마리, 수사자가 4마리 있습니다. 동물원에 있는 사자는 모두 몇 마리인지 구해 보세요.

(   )

13 이모의 연세는 40살이고, 민정이의 나이는 이모의 나이보다 31살 적습니다. 민정이는 몇 살인지 구해 보세요.

(   )

✏️ 서술형

14 버스에 28명이 타고 있었습니다. 이번 정류장에서 9명이 내리고 3명이 탔다면 지금 버스에 타고 있는 사람은 몇 명인지 풀이 과정을 쓰고 답을 구해 보세요.

15 ☐ 안에 알맞은 수를 써넣어 글을 완성해 보세요.

> 나는 에너지 절약 활동으로 전기 코드 뽑기를 하기로 했다. 그런데 이번 달 31일 중 17일을 실천했고, ☐ 일은 실천하지 못했다.

16 화살 두 개를 던져 맞힌 두 수의 합이 62입니다. 맞힌 두 수에 ○표 해 보세요.

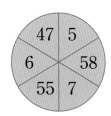

⊘ 61쪽

18 ㉠, ㉡에 알맞은 수를 구해 보세요.
유형 8

$$
\begin{array}{r}
㉠\ 8 \\
+\ 3\ ㉡ \\
\hline
1\ 1\ 5
\end{array}
$$

㉠ (   )

㉡ (   )

19 수 카드 4장 중에서 2장을 골라 만들 수 있는 가장 큰 두 자리 수와 가장 작은 두 자리 수의 합을 구해 보세요.
⊘ 63쪽
유형 12

| 7 | 8 | 1 | 3 |

(   )

🖊서술형

17 하준이와 친구들의 줄넘기 기록을 나타낸 것입니다. 줄넘기 횟수가 가장 많은 사람과 가장 적은 사람의 횟수의 차는 몇 회인지 풀이 과정을 쓰고 답을 구해 보세요.

줄넘기 기록

이름	하준	지영	연아	도훈
기록(회)	63	45	36	54

풀이 ▶

_____

_____

_____

답 ▶

_____

20 ○ 안에 + 또는 −를 넣어 식을 완성해 보세요.

> 35 ○ 7 ○ 24 = 18

AI가 추천한 단원 평가 **2**회

🔗 58~63쪽에서 같은 유형의 문제를 더 풀 수 있어요.

3 단원

01~02 귤 23개 중 5개를 먹었습니다. /으로 지워서 남은 귤의 수를 구하려고 합니다. 물음에 답해 보세요.

| ○ | ○ | ○ | ○ | ○ | | ○ | ○ | ○ | ○ | ○ | | ○ | ○ | ○ | | |
| ○ | ○ | ○ | ○ | ○ | | ○ | ○ | ○ | ○ | ○ | | | | | | |

01 먹은 귤의 수만큼 ○에 /을 그려 보세요.

02 남은 귤은 몇 개인지 구하는 뺄셈식을 써 보세요.

$$23 - \boxed{} = \boxed{}$$

03~04 계산해 보세요.

03 $64 + 48$

04 $50 - 11$

05 ☐ 안에 알맞은 수를 써넣으세요.

$$9 + 23 + 14 = \boxed{}$$

⚡ **AI가 뽑은** 정답률 낮은 **문제**

06 계산 결과의 크기를 비교하여 ○ 안에 🔗 58쪽 >, =, <를 알맞게 써넣으세요.

유형 **2**

$$86 + 8 \bigcirc 91 + 3$$

07 그림에 알맞은 덧셈식과 뺄셈식을 만들어 보세요.

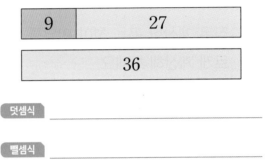

덧셈식 _____

뺄셈식 _____

08 쿠키 12개를 굽고 몇 개를 더 구웠더니 24개가 되었습니다. 더 구운 쿠키의 수를 ☐로 하여 덧셈식을 만들고, ☐의 값을 구해 보세요.

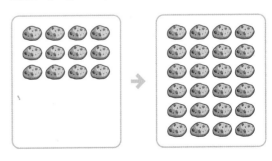

덧셈식 _____

☐의 값 _____

09 합이 같은 것끼리 같은 색으로 칠해 보세요.

37+75 44+72 82+29

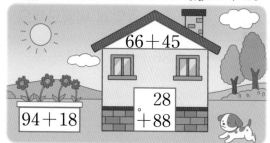

10 잘못 계산한 곳을 찾아 이유를 쓰고, 바르게 계산해 보세요.

서술형

$$\begin{array}{r} 3\ 1 \\ -\ 2\ 7 \\ \hline 1\ 4 \end{array}$$ →

이유 ▶
_____
_____
_____

AI가 뽑은 정답률 낮은 문제

11 두 수를 골라 합이 55가 되는 식을 만들려고 합니다. ☐ 안에 알맞은 수를 써넣으세요.

🔗 62쪽
유형10

| 7 | 38 | 47 | 6 | 48 |

☐ + ☐ = 55

12 공원에 참새가 28마리 있었는데 15마리가 더 날아왔습니다. 공원에 있는 참새는 모두 몇 마리인지 구해 보세요.

(   )

13 규호는 동화책을 어제까지 51쪽 읽었습니다. 오늘 39쪽을 더 읽었다면 규호가 오늘까지 읽은 동화책은 모두 몇 쪽인지 구해 보세요.

(   )

14 도서관에서 이번 달에 유이는 책을 30권 빌렸고, 영호는 17권 빌렸습니다. 유이는 영호보다 책을 몇 권 더 빌렸는지 구해 보세요.

(   )

15 오늘 오전에 미술관에 입장한 사람은 49명입니다. 오후에 몇 명이 더 입장하였더니 오늘 전체 입장한 사람은 88명이 되었습니다. 오후에 미술관에 입장한 사람 수를 ☐로 하여 덧셈식을 만들고, ☐의 값을 구해 보세요.

덧셈식 _____

☐의 값 _____

16 수 카드 4장 중에서 3장을 사용하여 뺄셈식을 만들고, 만든 뺄셈식을 덧셈식으로 나타내어 보세요.

| 31 | 8 | 23 | 54 |

뺄셈식 _____

덧셈식 _____

덧셈식 _____

17 보기의 수 중 2개를 선택하여 덧셈 문제를 만들고 답을 구해 보세요.

보기
27   9   8   34

문제 ▶ 나는 재활용품인 우유갑 ☐ 개와 페트병 ☐ 개를 모아 분리배출하였습니다. 내가 분리배출한 재활용품은 모두 몇 개일까요?

답 ▶ _____

18 답에 알맞은 글자를 찾아 암호를 완성해 보세요.

① $16+8$
② $28+18-16$
③ $35-7$
④ $24-16+8$

답	글자
16	랑
24	수
28	사
30	학
14	해

암호 ① ☐ ② ☐ ③ ☐ ④ ☐

AI가 뽑은 정답률 낮은 문제   ✏️서술형

19 십의 자리 숫자가 2인 두 자리 수 중에서 ☐ 안에 들어갈 수 있는 수를 모두 구하려고 합니다. 풀이 과정을 쓰고 답을 구해 보세요.
🔗61쪽 유형7

$$71-☐<45$$

풀이 ▶ _____

_____

_____

답 ▶ _____

AI가 뽑은 정답률 낮은 문제

20 세 수를 이용하여 계산 결과가 가장 큰 세 수의 계산식을 만들려고 합니다. ○ 안에 알맞은 수를 써넣고 답을 구해 보세요.
🔗63쪽 유형11

44   38   19

식 ▶ 38 + ○ − ○ _____

답 ▶ _____

🔗 58~63쪽에서 같은 유형의 문제를 더 풀 수 있어요.

01~02 빨간색 구슬 16개와 파란색 구슬 5개가 있습니다. 구슬은 모두 몇 개인지 이어 세기로 구하려고 합니다. 물음에 답해 보세요.

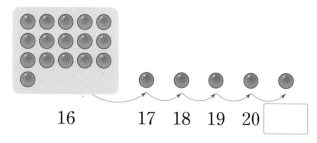

16   17 18 19 20 ☐

01 수를 이어 세어서 위의 ☐ 안에 알맞은 수를 써넣으세요.

02 구슬은 모두 몇 개인지 구하는 덧셈식을 써 보세요.

$$16 + \boxed{} = \boxed{}$$

03~04 계산해 보세요.

03
$$\begin{array}{r} 7\ 9 \\ +\ 5\ 2 \\ \hline \end{array}$$

04
$$\begin{array}{r} 4\ 0 \\ -\ 1\ 3 \\ \hline \end{array}$$

05 계산해 보세요.

$$52 - 25 + 22$$

06 ☐ 를 사용하여 그림에 알맞은 덧셈식을 만들고, ☐ 의 값을 구해 보세요.

4	☐

12

덧셈식 _____

☐ 의 값 _____

07 빈칸에 알맞은 수를 써넣으세요.

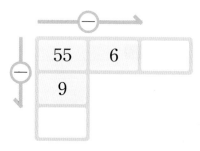

08 계산 결과가 같은 것끼리 선으로 이어 보세요.

36 − 17		44 − 28
82 − 66		95 − 76

09 □ 안에 알맞은 수를 써넣으세요.

📎 59쪽
유형 3

$$63-7=\boxed{}-9$$

10 공원까지 가는 길을 선택하고 세 수의 계산을 해 보세요.

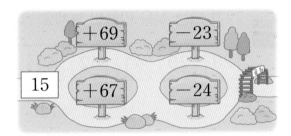

식 ▶ _____

답 ▶ _____

11 79+17을 두 가지 방법으로 계산해 보세요.

 서술형

방법 ① 79에 20을 먼저 더하고 3을 뺍니다.
_____

방법 ② 79를 80으로 바꾸어 계산합니다.
_____

12 덧셈식을 보고 계산 결과가 34가 되도록 뺄셈식을 만들어 보세요.

$$19+34=53$$

$$\boxed{}-\boxed{}=\boxed{}$$

13 계산이 틀린 사람은 누구인지 이름을 써 보세요.

아영	세호	지민
4 0	8 0	6 0
− 1 6	− 3 7	− 2 5
2 4	5 3	3 5

(   )

14 수 카드로 덧셈식을 만들었습니다. 계산이 맞도록 수 카드 한 장을 지우려고 합니다. 어떤 수가 적힌 수 카드를 지워야 하는지 구해 보세요.

$$\boxed{2}\ \boxed{5}+\boxed{1}\ \boxed{9}=\boxed{3}\ \boxed{4}$$

(   )

3 단원

15 주사위의 세 수를 이용하여 뺄셈식을 만들고 덧셈식으로 나타내어 보세요.

뺄셈식 _____

덧셈식 _____

덧셈식 _____

16 오성이는 칭찬 붙임딱지를 24장 모았습니다. 31장이 되려면 몇 장을 더 모아야 하는지 ☐를 사용하여 식을 만들고 답을 구해 보세요.

식 _____

답 _____

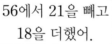 서술형

17 계산 결과가 더 큰 사람은 누구인지 구하려고 합니다. 풀이 과정을 쓰고 답을 구해 보세요.

44에서 13을 빼고 29를 더했어.
호걸

56에서 21을 빼고 18을 더했어.
리나

풀이 _____

_____

_____

답 _____

⚡ AI가 뽑은 정답률 낮은 문제

18 🔗60쪽 유형 6 어떤 수에 38을 더할 것을 잘못하여 어떤 수에서 38을 뺐더니 44가 되었습니다. 바르게 계산한 값을 구해 보세요.

(   )

⚡ AI가 뽑은 정답률 낮은 문제

19 🔗62쪽 유형 10 수 카드 6장 중에서 2장을 골라 합이 72가 되는 식을 만들어 보세요.

| 28 | 29 | 41 | 42 | 43 | 44 |

식

☐ + ☐ = 72

☐ + ☐ = 72

20 가로로 나란히 놓인 세 수의 합과 세로로 나란히 놓인 세 수의 합이 각각 67이 되도록 ㉠, ㉡, ㉢, ㉣, ㉤에 알맞은 수를 각각 구해 보세요.

23	㉠	28
㉡	㉢	㉣
25	㉤	31

㉠ (   )

㉡ (   )

㉢ (   )

㉣ (   )

㉤ (   )

점수

𝒫 58~63쪽에서 같은 유형의 문제를 더 풀 수 있어요.

3단원

01 그림을 보고 뺄셈을 해 보세요.

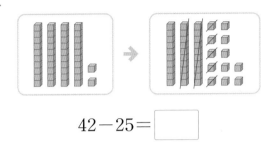

$$42-25=\boxed{}$$

02 $60-18$을 계산한 것입니다. ☐ 안에 알맞은 수를 써넣으세요.

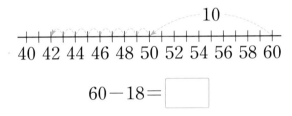

$$60-18=\boxed{}$$

03 덧셈을 해 보세요.

$$55+7=\boxed{}$$

04 ☐ 안에 알맞은 수를 써넣으세요.

$$7+68-29=\boxed{}$$

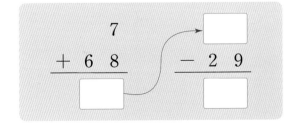

05~06 ☐ 안에 알맞은 수를 써넣으세요.

05 $\boxed{}+14=50$

06 $60-\boxed{}=15$

🚂 AI가 뽑은 정답률 낮은 문제

07 계산 결과가 더 작은 것에 ○표 해 보세요.

𝒫 58쪽
유형 2

$58+57$	$66+48$
( )	( )

08 가장 큰 수와 가장 작은 수의 차를 구해 보세요.

93	27	55

( )

09 덧셈식을 뺄셈식으로 잘못 나타낸 것에 ✕표 해 보세요.

$52+19=71$	$64+26=90$
↓	↓
$71-19=52$	$64-26=38$
( )	( )

10 관계있는 것끼리 선으로 이어 보세요.

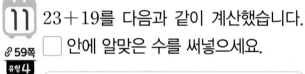

57＋49	•	•	108
		•	106
29＋79	•	•	104

AI가 **뽑은** 정답률 낮은 **문제**

11 🔗59쪽 유형4

11 23＋19를 다음과 같이 계산했습니다. ☐ 안에 알맞은 수를 써넣으세요.

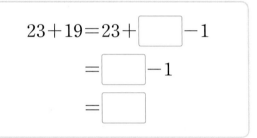

$$23＋19＝23＋\boxed{}－1$$
$$＝\boxed{}－1$$
$$＝\boxed{}$$

12 뺄셈식 $55－39＝16$을 덧셈식으로 바르게 나타낸 것을 모두 찾아 기호를 써 보세요.

| ㉠ $55＋39＝94$ |
| ㉡ $39＋16＝55$ |
| ㉢ $16＋39＝55$ |
| ㉣ $55＋16＝71$ |

( )

13 우준이의 나이는 9살이고, 아버지의 연세는 48살입니다. 아버지는 우준이보다 몇 살 더 많은지 구해 보세요.

( )

✏️서술형

14 재윤이네 학교 2학년은 남학생이 44명, 여학생이 47명입니다. 재윤이네 학교 2학년 학생은 모두 몇 명인지 풀이 과정을 쓰고 답을 구해 보세요.

풀이 ▶ _____

_____

_____

답 ▶ _____

15 대화를 보고 혜영이가 사용한 재활용품은 모두 몇 개인지 구해 보세요.

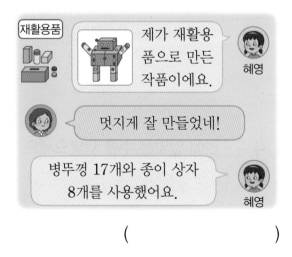

재활용품

제가 재활용품으로 만든 작품이에요. 혜영

멋지게 잘 만들었네!

병뚜껑 17개와 종이 상자 8개를 사용했어요. 혜영

( )

16 수 카드를 각각 한 장씩 선택하여 뺄셈 문제를 만들고 해결해 보세요.

용아	83	84	85

도경	6	7	8

용아는 연결 모형을 ▢ 개 사용하여 비행기를 만들었고, 도경이는 ▢ 개를 사용하여 꽃을 만들었습니다. 용아는 도경이보다 연결 모형을 몇 개 더 많이 사용했을까요?

식 ▶ _____

답 ▶ _____

17 🔌 60쪽 유형5
AI가 뽑은 정답률 낮은 문제 📝서술형

17 어떤 수에서 25를 뺐더니 37이 되었습니다. 어떤 수는 얼마인지 풀이 과정을 쓰고 답을 구해 보세요.

풀이 ▶ _____

_____

_____

답 ▶ _____

AI가 뽑은 정답률 낮은 문제

18 🔌 62쪽 유형9

18 ㉠, ㉡에 알맞은 수를 각각 구해 보세요.

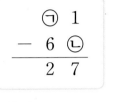

$$
\begin{array}{r}
㉠\ 1 \\
-\ 6\ ㉡ \\
\hline
2\ 7
\end{array}
$$

㉠ (_____)

㉡ (_____)

3 단원

19 ◆가 8일 때 ◎에 알맞은 수를 구해 보세요.

$$▲ - 15 = ◆$$
$$◎ - ▲ = 69$$

(_____)

20 96에서 한 자리 수 ㉠과 ㉡을 뺐더니 십의 자리 숫자와 일의 자리 숫자가 같은 ㉢㉢이 되었습니다. 계산 결과인 ㉢㉢을 구해 보세요.

$$96 - ㉠ - ㉡ = ㉢㉢$$

(_____)

🖉 1회 5번

유형 **1**　**수직선에서 ☐ 안에 알맞은 수 써넣기**

수직선을 보고 ☐ 안에 알맞은 수를 써넣으세요.

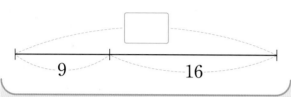

❶Tip 수직선을 식으로 나타내면 9+16=☐ 예요.

1-1 수직선을 보고 ☐ 안에 알맞은 수를 써넣으세요.

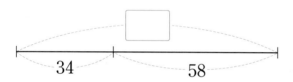

1-2 수직선을 보고 ☐ 안에 알맞은 수를 써넣으세요.

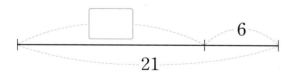

1-3 수직선을 보고 ☐ 안에 알맞은 수를 써넣으세요.

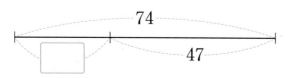

🖉 2회 6번　🖉 4회 7번

유형 **2**　**계산 결과의 크기 비교하기**

계산 결과의 크기를 비교하여 ◯ 안에 >, =, <를 알맞게 써넣으세요.

$$52-4 \bigcirc 56-7$$

❶Tip 먼저 계산한 다음 계산 결과의 크기를 비교해요.

2-1 계산 결과의 크기를 비교하여 ◯ 안에 >, =, <를 알맞게 써넣으세요.

$$14+57 \bigcirc 26+44$$

2-2 계산 결과가 더 작은 것에 ◯표 해 보세요.

$70-21-17$	$72-8-34$
(　　　)	(　　　)

2-3 계산 결과가 큰 것부터 차례대로 기호를 써 보세요.

　㉠ 78+3
　㉡ 54+29
　㉢ 92-7

(　　　　　　　　　　)

유형 3 🔗 3회 9번

□ 안에 알맞은 수 구하기

□ 안에 알맞은 수를 써넣으세요.

$$92-47=\boxed{}-28$$

❶Tip 계산할 수 있는 식을 먼저 계산해요.

3-1 □ 안에 알맞은 수를 써넣으세요.

$$12+\boxed{}=27+56$$

3-2 □ 안에 알맞은 수를 써넣으세요.

$$35+7=\boxed{}-39$$

3-3 윤하와 준형이가 모은 우유갑과 페트병의 수입니다. 윤하와 준형이가 각각 모은 우유갑과 페트병의 수의 합은 같습니다. 준형이가 모은 페트병은 몇 개인지 구해 보세요.

	윤하	준형
우유갑의 수(개)	18	26
페트병의 수(개)	34	

(   )

유형 4 🔗 4회 11번

여러 가지 방법으로 계산하기

$35+57$을 다음과 같이 계산했습니다. □ 안에 알맞은 수를 써넣으세요.

$$35+57=32+\boxed{}+57$$
$$=32+\boxed{}$$
$$=\boxed{}$$

❶Tip 등호(=) 양쪽에 57은 그대로이므로 35가 어떻게 바뀌어야 하는지 잘 살펴봐요.

4-1 $44+19$를 다음과 같이 계산했습니다. □ 안에 알맞은 수를 써넣으세요.

$$44+19=44+\boxed{}-1$$
$$=\boxed{}-1$$
$$=\boxed{}$$

4-2 $62-25$를 다음과 같이 계산했습니다. ㉠, ㉡, ㉢에 알맞은 수를 각각 구해 보세요.

$$62-25=60-25+㉠$$
$$=㉡+㉠$$
$$=㉢$$

㉠ (   )

㉡ (   )

㉢ (   )

3 단원

유형 **5**　**어떤 수 구하기**　*4회 17번*

29와 어떤 수의 합은 52입니다. 어떤 수를 구해 보세요.

(　　　　　　　)

❶Tip 어떤 수를 ☐라고 하고 식을 세워요.
➜ 29+☐=52

5-1 65에서 어떤 수를 뺐더니 27이 되었습니다. 어떤 수를 구해 보세요.

(　　　　　　　)

5-2 어떤 수에서 18과 7을 차례대로 뺐더니 49가 되었습니다. 어떤 수를 구해 보세요.

(　　　　　　　)

5-3 어떤 수보다 29만큼 더 작은 수는 24보다 17만큼 더 큰 수와 같습니다. 어떤 수를 구해 보세요.

(　　　　　　　)

유형 **6**　**바르게 계산한 값 구하기**　*3회 18번*

어떤 수에 35를 더해야 할 것을 잘못하여 어떤 수에서 35를 뺐더니 54가 되었습니다. 바르게 계산한 값을 구해 보세요.

(　　　　　　　)

❶Tip 어떤 수를 ☐라고 하고 식으로 나타낸 다음 ☐의 값을 먼저 구해요.

6-1 어떤 수에서 41을 빼야 할 것을 잘못하여 어떤 수에 41을 더했더니 90이 되었습니다. 바르게 계산한 값을 구해 보세요.

(　　　　　　　)

6-2 67에 어떤 수를 더해야 할 것을 잘못하여 67에서 어떤 수를 뺐더니 59가 되었습니다. 바르게 계산한 값을 구해 보세요.

(　　　　　　　)

6-3 어떤 수에 26을 더해야 할 것을 잘못하여 어떤 수에서 26을 뺐더니 45가 되었습니다. 바르게 계산하면 얼마인가요?

(　　　　　　　)

① 65　　　② 71　　　③ 92
④ 97　　　⑤ 107

유형 7 ☐ 안에 들어갈 수 있는 수 구하기

1부터 9까지의 수 중에서 ☐ 안에 들어갈 수 있는 수를 모두 구해 보세요.

$$72 - \boxed{} < 65$$

( )

❶Tip $72 - \boxed{} < 65$를 $72 - \boxed{} = 65$로 바꾸어 생각해요.

7-1 0부터 9까지의 수 중에서 ☐ 안에 들어갈 수 있는 수를 모두 구해 보세요.

$$53 - 1\boxed{} < 37$$

( )

7-2 십의 자리 숫자가 3인 두 자리 수 중에서 ☐ 안에 들어갈 수 있는 수를 모두 구해 보세요.

$$71 - \boxed{} < 35$$

( )

7-3 십의 자리 숫자가 2인 두 자리 수 중에서 ☐ 안에 들어갈 수 있는 수는 모두 몇 개인지 구해 보세요.

$$84 - \boxed{} > 58$$

( )

유형 8 덧셈식 완성하기

☐ 안에 알맞은 수를 써넣으세요.

$$\begin{array}{r} \boxed{}\ 5 \\ +\ 2\ \ 7 \\ \hline 7\ \boxed{} \end{array}$$

❶Tip 받아올림에 유의해요.

8-1 ☐ 안에 알맞은 수를 써넣으세요.

$$\begin{array}{r} 6\ \boxed{} \\ +\ 6\ \ 9 \\ \hline 1\ \boxed{}\ 5 \end{array}$$

8-2 ㉠, ㉡에 알맞은 수를 구해 보세요.

$$\begin{array}{r} ㉠\ \ 7 \\ +\ 1\ \ ㉡ \\ \hline 3\ \ 2 \end{array}$$

㉠ ( )
㉡ ( )

8-3 두 자리 수와 한 자리 수의 덧셈식에서 ㉠+㉡+㉢의 값을 구해 보세요.
(단, ㉠, ㉡, ㉢은 0이 아닙니다.)

$$\begin{array}{r} ㉠\ \ ㉡ \\ +\ \ \ \ ㉢ \\ \hline 5\ \ 1 \end{array}$$

( )

61

🔗 4회 18번

유형 9 뺄셈식 완성하기

☐ 안에 알맞은 수를 써넣으세요.

```
    6   4
−       ☐
─────────
    ☐   8
```

ⓘTip 받아내림에 유의해요.

9-1 ☐ 안에 알맞은 수를 써넣으세요.

```
    ☐   0
−   3   ☐
─────────
    4   6
```

9-2 ㉠, ㉡에 알맞은 수를 구해 보세요.

```
    ㉠   4
−   1   ㉡
─────────
    1   6
```

㉠ (   )

㉡ (   )

9-3 뺄셈식에서 ●는 같은 수를 나타냅니다. ☐ 안에 알맞은 수를 써넣으세요.

```
    8   0
−   ☐   ●
─────────
    ●   7
```

🔗 2회 11번 🔗 3회 19번

유형 10 수 카드로 합(차)가 ●인 식 만들기

수 카드 6장 중에서 2장을 골라 합이 91이 되는 식을 만들어 보세요.

| 84 | 85 | 86 | 6 | 7 | 8 |

식▶ ☐ + ☐ = 91

☐ + ☐ = 91

ⓘTip (두 자리 수)＋(한 자리 수)의 계산 결과가 91이므로 일의 자리 수끼리의 합이 11이 되는 두 수를 찾아요.

10-1 수 카드 6장 중에서 2장을 골라 합이 33이 되는 식을 만들어 보세요.

| 15 | 16 | 17 | 18 | 19 | 20 |

식▶ ☐ + ☐ = 33

☐ + ☐ = 33

10-2 수 카드 6장 중에서 2장을 골라 차가 15가 되는 식을 만들어 보세요.

| 21 | 22 | 23 | 7 | 8 | 9 |

식▶ ☐ − ☐ = 15

☐ − ☐ = 15

유형 11 계산 결과가 가장 큰(작은) 식 만들기
🔗 2회 20번

세 수를 이용하여 계산 결과가 가장 큰 세 수의 계산식을 만들려고 합니다. ◯ 안에 알맞은 수를 써넣고 답을 구해 보세요.

16 29 14

식▶ 29 + ◯ − ◯

답▶

❶Tip 계산 결과가 가장 크려면 가장 큰 수와 두 번째로 큰 수를 더하고 가장 작은 수를 빼요.

11-1 세 수를 이용하여 계산 결과가 가장 작은 세 수의 계산식을 만들려고 합니다. ◯ 안에 알맞은 수를 써넣고 답을 구해 보세요.

61 15 38

식▶ 61 + ◯ − ◯

답▶

11-2 세 수를 이용하여 계산 결과가 가장 큰 세 수의 계산식을 만들려고 합니다. ◯ 안에 알맞은 수를 써넣고 답을 구해 보세요.

50 27 13

식▶ 13 + ◯ − ◯

답▶

유형 12 수 카드로 만든 수 더하기(빼기)
🔗 1회 19번

수 카드 4장 중에서 2장을 골라 만들 수 있는 가장 큰 두 자리 수와 가장 작은 두 자리 수의 합을 구해 보세요.

6 5 8 3

(   )

❶Tip 가장 큰 두 자리 수는 십의 자리부터 큰 수를 놓고, 가장 작은 두 자리 수는 십의 자리부터 작은 수를 놓아 만들어요.

12-1 수 카드 4장 중에서 2장을 골라 만들 수 있는 가장 큰 두 자리 수와 가장 작은 두 자리 수의 합을 구해 보세요.

4 7 1 6

(   )

12-2 각각의 수 카드 3장 중 2장을 골라 대진이는 가장 큰 두 자리 수를 만들고, 수경이는 가장 작은 두 자리 수를 만들었습니다. 만든 두 수의 차를 구해 보세요.

대진 9 4 2
수경 6 5 8

(   )

3단원

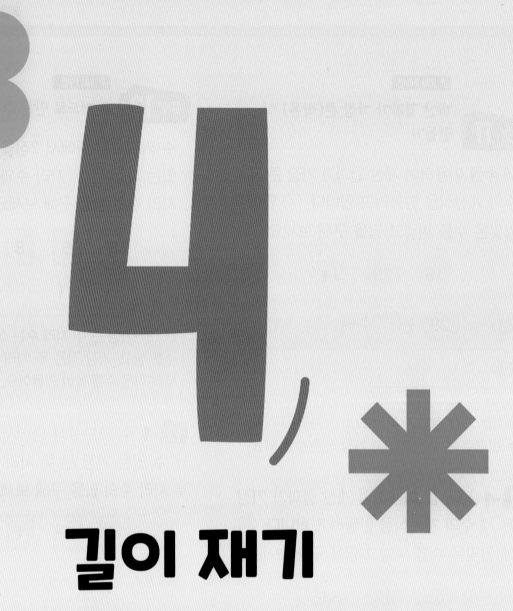

4

길이 재기

개념 정리 4단원 길이 재기

개념 1 길이 비교하기

직접 맞대어 길이를 비교하기 어려울 경우 종이띠, 끈 등 다양한 구체물을 이용하여 비교합니다.

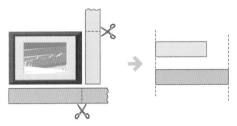

액자의 가로 길이가 세로 길이보다 (짧습니다 , 깁니다).

개념 2 여러 가지 단위로 길이 재기

길이를 잴 때 사용할 수 있는 단위에는 여러 가지가 있습니다.

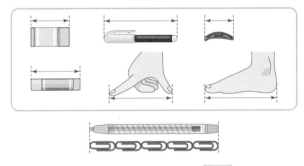

색연필의 길이는 종이집게로 [   ]번입니다.

개념 3 1 cm 알아보기

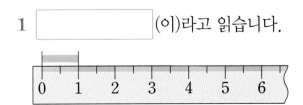

|의 길이를 1 cm 라 쓰고

1 [   ](이)라고 읽습니다.

참고

1 cm가 ■번 → 쓰기 ■ cm
읽기 ■ 센티미터

개념 4 자로 길이 재기

◆자를 사용하여 길이 재는 방법

→ 5 cm

① 색연필의 한쪽 끝을 자의 눈금 0에 맞춥니다.
② 색연필의 다른 쪽 끝에 있는 자의 눈금을 읽습니다.

◆자로 잰 길이를 약 몇 cm로 나타내기

길이가 자의 눈금 사이에 있을 때는 눈금과 가까운 쪽에 있는 숫자를 읽으며, 숫자 앞에 **약**을 붙여 말합니다.

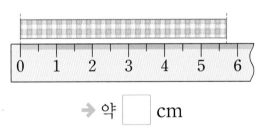

→ 약 [   ] cm

개념 5 길이 어림하기

자를 사용하지 않고 물건의 길이가 얼마쯤인지 어림할 수 있습니다. 어림한 길이를 말할 때는 '약 [ ] cm'라고 합니다.

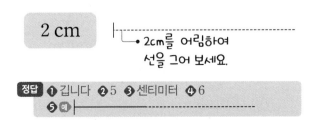

2 cm   • 2cm를 어림하여 선을 그어 보세요.

정답 ❶긴다 ❷5 ❸센티미터 ❹6
❺예 ┠- - - - - - - - - - - - - - - - -

65

01 ㉠과 ㉡의 길이를 비교하려고 합니다. 알맞은 방법을 찾아 ○표 해 보세요.

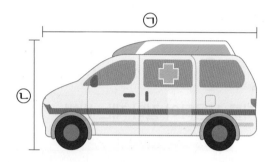

• 직접 맞대어 비교하기 (   )
• 끈을 이용하여 비교하기 (   )

02 길이를 바르게 쓴 것을 찾아 기호를 써 보세요.

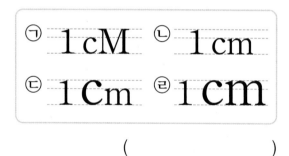

㉠ 1 cM   ㉡ 1 cm
㉢ 1 Cm   ㉣ 1 cm

(   )

03 색 테이프의 길이는 몇 cm인지 써 보세요.

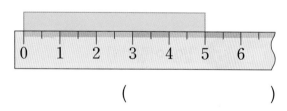

(   )

04 3 cm를 바르게 읽은 것은 어느 것인가요? (   )

① 3 센티   ② 3 센치
③ 3 센치미터   ④ 3 센터미터
⑤ 3 미터

05 ☐ 안에 알맞은 수를 써넣으세요.

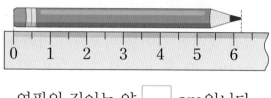

연필의 길이는 약 ☐ cm입니다.

06 연결 모형으로 만든 모양입니다. 가장 길게 연결한 모양을 찾아 ○표 해 보세요.

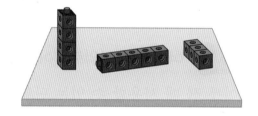

07 5 cm를 어림하여 선을 그어 보세요.

|--

08 수학익힘책 짧은 쪽의 길이를 잴 수 있는 단위로 알맞은 것을 모두 고르세요. (   )

① 지팡이   ② 풀
③ 허리띠   ④ 종이집게
⑤ 책상의 긴 쪽

09 보기에서 실제 길이에 가장 가까운 것을 찾아 ☐ 안에 써넣으세요.

보기

1 cm   5 cm   10 cm

엄지손가락의 너비:

☐

10 길이를 알맞게 말한 것을 찾아 ○표 해 보세요.

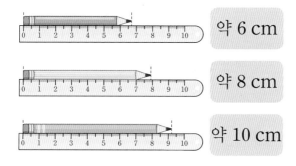

약 6 cm

약 8 cm

약 10 cm

11 자로 길이를 재어 보세요.

☐ cm

🔗 78쪽
유형 1

⚡ AI가 뽑은 정답률 낮은 문제

12 치약의 길이는 몇 cm인지 써 보세요.

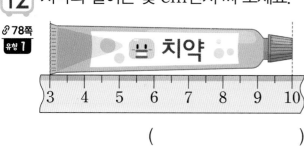

(   )

13 ㉠과 ㉡에 알맞은 수의 합은 얼마인지 구해 보세요.

- 4 cm는 1 cm가 ㉠번입니다.
- 1 cm로 12번은 ㉡ cm입니다.

(   )

⚡ AI가 뽑은 정답률 낮은 문제

14 식탁 긴 쪽의 길이를 서로 다른 단위로 재었습니다. 잰 횟수가 가장 적은 사람을 찾아 이름을 써 보세요.

🔗 81쪽
유형 8

- 경민: 난 수학책의 짧은 쪽으로 재었어.
- 문영: 나는 엄지손가락으로 재었어.
- 해리: 나는 딱풀로 재었어.

(   )

15 종이끈의 길이는 약 몇 cm인지 구해 보세요.

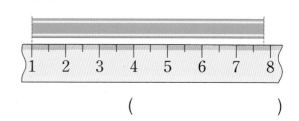

(   )

4 단원

16 파란색 막대와 빨간색 막대를 겹치지 않게 한 줄로 길게 이어 붙이면 길이는 몇 cm인지 구해 보세요.

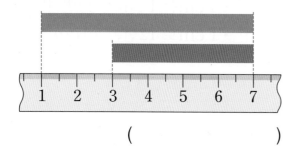

( )

서술형

17 길이가 2 cm인 색 테이프를 보고 길이가 약 4 cm인 선을 3개 그었습니다. 4 cm에 가장 가깝게 어림하여 그은 선은 어느 것인지 풀이 과정을 쓰고 답을 구해 보세요.

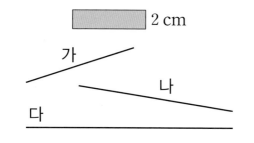

풀이 ▶

답 ▶

18 재한이의 색 테이프의 길이는 3 cm인 지우개 5개의 길이와 같고, 소희의 색 테이프의 길이는 4 cm인 머리핀 4개의 길이와 같습니다. 누구의 색 테이프가 몇 cm 더 긴지 구해 보세요.

(,)

⚡AI가 뽑은 정답률 낮은 문제   ✏️서술형

19 붓의 길이를 종이집게로 재면 다음과 같습니다. 모니터 긴 쪽의 길이를 붓으로 재면 3번일 때, 모니터 긴 쪽의 길이는 종이집게로 몇 번쯤인지 풀이 과정을 쓰고 답을 구해 보세요.

🔗82쪽
유형 9

풀이 ▶

답 ▶

20 한 변의 길이는 1 cm이고, 네 변의 길이가 모두 같은 사각형을 겹치지 않게 이어 붙인 것입니다. 그림에서 가장 큰 사각형의 네 변의 길이의 합은 몇 cm인지 구해 보세요.

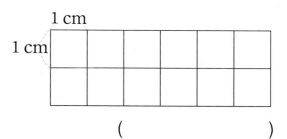

( )

01 두 끈의 길이를 종이띠로 비교했습니다. 알맞은 말에 ○표 해 보세요.

(가 , 나)의 길이가 더 깁니다.

02~03 주어진 길이만큼 점선을 따라 선을 긋고 읽어 보세요.

02 4 cm

1 cm

읽기 (   )

03 6 cm

1 cm

읽기 (   )

04 ☐ 안에 알맞은 수를 써넣으세요.

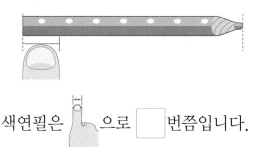

색연필은 🖐 으로 ☐ 번쯤입니다.

05 ☐ 안에 알맞은 수를 써넣으세요.

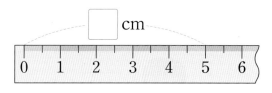

☐ cm

06 길이를 바르게 잰 것의 기호를 써 보세요.

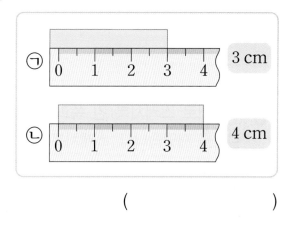

(   )

07 ☐ 안에 알맞은 수를 써넣으세요.

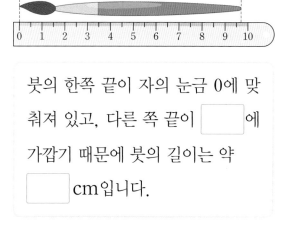

붓의 한쪽 끝이 자의 눈금 0에 맞
춰져 있고, 다른 쪽 끝이 ☐ 에
가깝기 때문에 붓의 길이는 약
☐ cm입니다.

08 자로 길이를 재어 보세요.

☐ cm

4
단원

09 딱풀의 길이를 재었습니다. 길이를 잘못 잰 이유를 써 보세요.

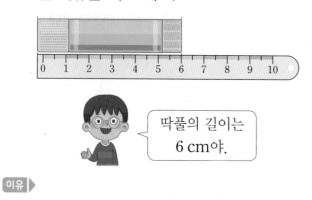

딱풀의 길이는 6 cm야.

이유 ▸

_____

_____

10 지우개로 스케치북 긴 쪽과 짧은 쪽의 길이를 재었습니다. 스케치북의 긴 쪽의 길이는 짧은 쪽의 길이보다 지우개로 몇 번만큼 더 긴지 구해 보세요.

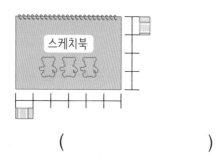

스케치북

( )

11 가위의 길이를 어림하고 자로 재어 보세요.

어림한 길이 약 ( )

자로 잰 길이 ( )

12 두 나뭇가지의 길이가 모두 약 10 cm 인 이유를 말하려고 합니다. 알맞은 말에 ○표 해 보세요.

길이가 자의 눈금 사이에 있을 때 눈금과 (가까운 , 먼) 쪽의 숫자를 읽어야 하기 때문입니다.

13 책상 짧은 쪽의 길이를 잴 수 있는 단위로 가장 알맞은 것을 찾아 기호를 써 보세요.

┌─────────────────────────┐
│ ㉠ 지팡이   ㉡ 양팔   │
│ ㉢ 뼘   ㉣ 책상의 긴 쪽 │
└─────────────────────────┘

( )

AI가 뽑은 정답률 낮은 문제

14 신발의 길이가 더 긴 사람은 누구인지 이름을 써 보세요.

⌘79쪽
유형4

내 신발의 길이는 19 센티미터야.

내 신발의 길이는 1 cm가 20번이야.

윤호

보경

( )

15 길이가 다른 하나를 찾아 기호를 써 보세요.

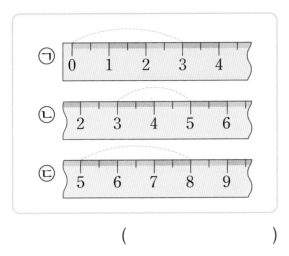

( )

AI가 뽑은 정답률 낮은 문제

16 빨간색 선의 길이는 몇 cm인지 구해 보세요.

@ 78쪽
유형 2

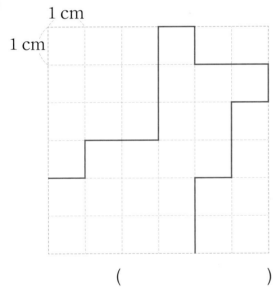

( )

AI가 뽑은 정답률 낮은 문제

17 길이가 가장 짧은 선을 찾아 기호를 써 보세요.

@ 79쪽
유형 3

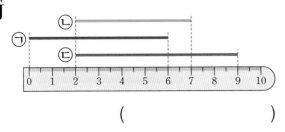

( )

AI가 뽑은 정답률 낮은 문제

18 높이가 1 cm, 2 cm인 블록이 여러 개 있습니다. 이 블록들을 여러 번 사용하여 6 cm 높이로 쌓아 보세요.

@ 81쪽
유형 7

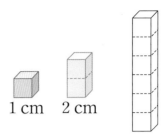

1 cm   2 cm

AI가 뽑은 정답률 낮은 문제

19 재우, 연수, 이찬이가 약 8 cm를 어림 하여 종이를 잘랐습니다. 8 cm에 가장 가깝게 어림한 사람은 누구인지 이름을 써 보세요.

@ 83쪽
유형12

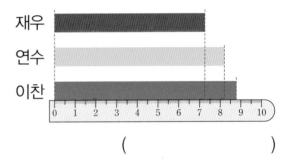

( )

서술형

20 길이가 4 cm인 종이집게와 6 cm인 딱 풀이 있습니다. 동화책 긴 쪽의 길이는 종이집게로 6번 잰 것과 같다면 이 동화 책 긴 쪽의 길이는 딱풀로 몇 번 잰 것 과 같은지 풀이 과정을 쓰고 답을 구해 보세요.

풀이 ▶

_____

_____

_____

답 ▶

_____

4
단원

01 길이를 읽어 보세요.

5 cm

(   )

02 ☐ 안에 알맞은 수를 써넣으세요.

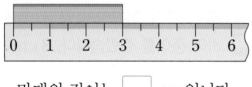

막대의 길이는 ☐ cm입니다.

03 관계있는 것끼리 선으로 이어 보세요.

2 cm		8 센티미터
7 cm		2 센티미터
8 cm		7 센티미터

04 크레파스의 길이는 👆 으로 몇 번인지 구해 보세요.

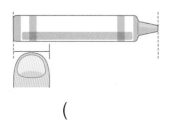

(   )

05 6 cm를 어림하여 선을 그어 보세요.

├------------------------------------

06 연필의 길이를 바르게 잰 것을 찾아 기호를 써 보세요.

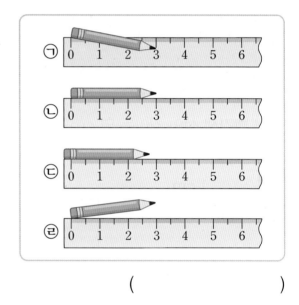

(   )

07 색연필의 길이를 종이띠로 비교했습니다. 짧은 것부터 순서대로 써 보세요.

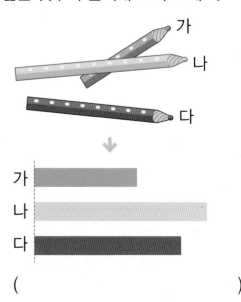

(   )

08 길이가 같은 것끼리 선으로 이어 보세요.

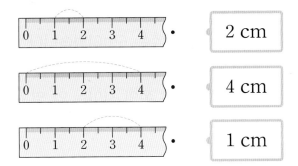

- 2 cm
- 4 cm
- 1 cm

09 자로 길이를 재어 보세요.

☐ cm

10 ☐ 안에 알맞은 수를 써넣으세요.

지우개의 길이는 6 cm야.

잘못 구한 것 같은데……

지우개의 길이는 ☐ cm야.
왜냐하면 1 cm가 ☐ 번이기 때문이야.

11 색연필의 길이는 연필의 길이보다 종이집게로 몇 번만큼 더 긴지 구해 보세요.

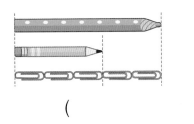

(   )

12 길이가 1 cm인 색 테이프로 막대의 길이를 어림하려고 합니다. ☐ 안에 알맞은 수를 써넣으세요.

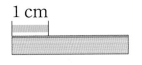

1 cm

막대를 색 테이프로 재면 ☐ 번쯤 됩니다. 따라서 막대의 길이는 약 ☐ cm입니다.

AI가 뽑은 정답률 낮은 문제

13 연필과 색연필 중 더 긴 것을 써 보세요.

📎79쪽
유형3

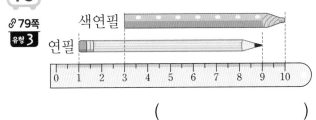

색연필
연필

(   )

AI가 뽑은 정답률 낮은 문제

14 색연필로 겹치지 않게 선을 그었습니다. 그은 선은 모두 몇 cm인지 자로 길이를 재어 보세요.

📎80쪽
유형5

(   )

15 용하가 동화책 긴 쪽의 길이로 창문의 길이를 재었더니 4번이었습니다. 창문의 길이가 80 cm라면 동화책 긴 쪽의 길이는 몇 cm인지 구해 보세요.

(   )

4단원

⚡ **AI가 뽑은 정답률 낮은 문제**

16
📎 80쪽
유형 6

빨간색 점에서 2 cm 거리에 있는 점을 모두 찾아 써 보세요.

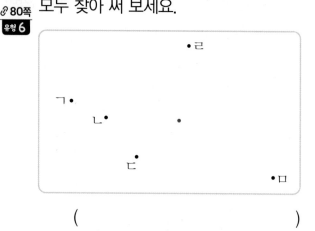

(   )

17 파란색 막대와 빨간색 막대를 겹치지 않게 한 줄로 길게 이어 붙이면 길이는 몇 cm인지 구해 보세요.

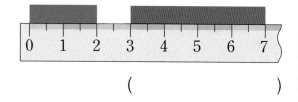

(   )

18 네 변의 길이가 모두 같은 사각형 두 종류를 겹치지 않게 이어 붙인 것입니다. ☐ 안에 알맞은 수를 써넣으세요.

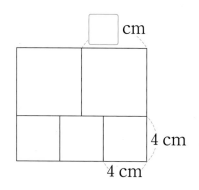

☐ cm

4 cm

4 cm

📝 서술형

19 대진, 지선, 혜주가 책상 짧은 쪽의 길이를 뼘으로 재었더니 대진이는 5번, 지선이는 7번, 혜주는 6번이었습니다. 한 뼘의 길이가 가장 긴 사람이 약 12 cm라면 책상 짧은 쪽의 길이는 약 몇 cm인지 풀이 과정을 쓰고 답을 구해 보세요.

풀이 ▶ _____

_____

_____

답 ▶ _____

📝 서술형

20 길이를 15 cm까지 잴 수 있는 자 2개를 그림과 같이 사용하여 색 테이프의 길이를 재었습니다. 색 테이프의 길이는 몇 cm인지 풀이 과정을 쓰고 답을 구해 보세요.

풀이 ▶ _____

_____

_____

답 ▶ _____

01 옷핀의 길이는 몇 cm인지 쓰고 읽어 보세요.

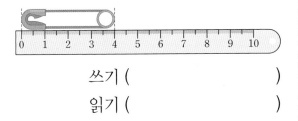

쓰기 (　　　　　　　)

읽기 (　　　　　　　)

02 길이를 바르게 쓴 것을 찾아 기호를 써 보세요.

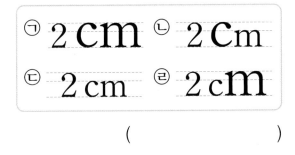

（　　　　　　　　）

03~04 ☐ 안에 알맞은 수를 써넣으세요.

03 7 cm는 1 cm가 ☐ 번입니다.

04 1 cm로 ☐ 번은 13 cm입니다.

05~06 그림을 보고 ☐ 안에 알맞은 수를 써넣으세요.

05 파란색 색연필은 종이집게로 ☐ 번쯤 입니다.

06 빨간색 색연필은 종이집게로 ☐ 번쯤 입니다.

07 주어진 길이에 맞는 선을 찾아 이어 보세요.

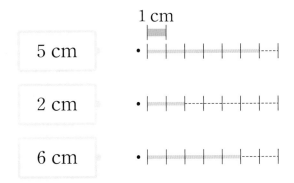

5 cm

2 cm

6 cm

08 장난감의 길이를 재어 보고 유정이는 약 9 cm, 연우는 약 10 cm라고 했습니다. 장난감의 길이를 알맞게 말한 사람은 누구인지 이름을 써 보세요.

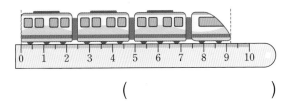

（　　　　　　　　）

09 관계있는 것끼리 선으로 이어 보세요.

1 cm가 6번	13 cm
1 cm가 13번	9 cm
1 cm가 9번	6 cm

10 자석의 길이를 어림하고 자로 재어 보세요.

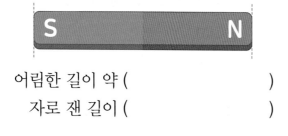

어림한 길이 약 (   )

자로 잰 길이 (   )

11 정우와 친구들이 놀이기구를 타려고 줄을 섰습니다. 놀이기구를 탈 수 있는 사람은 누구인지 이름을 써 보세요.

정우 범수 혜진

(   )

⚡ **AI가 뽑은 정답률 낮은 문제**

12

🔗 **79쪽**
유형4

길이가 가장 짧은 것을 찾아 기호를 써 보세요.

> ㉠ 16 센티미터
> ㉡ 1 cm가 21번
> ㉢ 19 cm

(   )

⚡ **AI가 뽑은 정답률 낮은 문제**

13

🔗 **82쪽**
유형10

파란색 색연필과 빨간색 색연필로 각각 4번을 재어 색 테이프를 잘랐습니다. 어느 색연필로 재어 자른 색 테이프가 더 긴지 써 보세요.

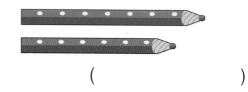

(   )

14 알맞은 말에 ○표 해 보세요.

> • 단위의 길이가 길수록 잰 횟수는 (많습니다 , 적습니다).
> • 단위의 길이가 짧을수록 잰 횟수는 (많습니다 , 적습니다).

15 윤서와 지민이가 각자의 뼘으로 책상 긴 쪽의 길이를 재었습니다. 두 사람이 잰 길이가 다른 이유를 설명해 보세요.

윤서	지민
9뼘	7뼘

이유 ▶

_____

_____

AI가 뽑은 정답률 낮은 문제

16 한 변의 길이는 1 cm이고, 세 변의 길이가 모두 같은 삼각형을 겹치지 않게 이어 붙인 것입니다. 파란색 선의 길이는 몇 cm인지 구해 보세요.

📄78쪽
유형2

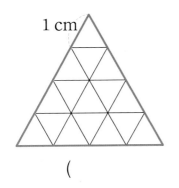

1 cm

( )

서술형

17 수학책 긴 쪽의 길이를 재어 보니 뼘으로 2번, 종이집게로 8번입니다. 한 뼘의 길이는 종이집게 1개의 길이로 몇 번인지 풀이 과정을 쓰고 답을 구해 보세요.

풀이 ▶

_____

_____

_____

답 ▶ _____

18 한 변의 길이는 1 cm이고, 네 변의 길이가 모두 같은 사각형을 겹치지 않게 이어 붙인 것입니다. 가장 작은 사각형의 변을 따라 ㉮에서 ㉯까지 갈 때, 가장 가까운 길은 몇 cm인지 구해 보세요.

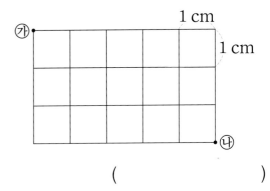

1 cm

1 cm

( )

4
단원

AI가 뽑은 정답률 낮은 문제

19 상원이와 진희가 각자 가지고 있는 지우개로 수학익힘책 긴 쪽의 길이를 잰 것입니다. 상원이와 진희 중 누구의 지우개의 길이가 더 긴지 이름을 써 보세요.

📄83쪽
유형11

상원	진희
8번	10번

( )

20 식탁 긴 쪽의 길이는 짧은 쪽의 길이보다 20 cm 더 깁니다. 길이가 20 cm인 색연필로 식탁 짧은 쪽의 길이를 재어 보니 4번이었습니다. 식탁 긴 쪽의 길이는 몇 cm인지 구해 보세요.

( )

🔗 1회 12번

유형 1 0이 아닌 눈금을 기준으로 길이 재기

종이집게의 길이는 몇 cm인지 구해 보세요.

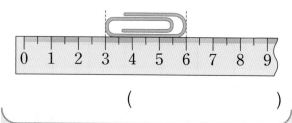

( )

❶Tip 1 cm가 ●번이면 ● cm예요.

1-1 □ 안에 알맞은 수를 써넣으세요.

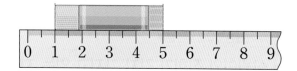

딱풀의 길이는 □ cm입니다.

1-2 칫솔의 길이는 몇 cm인지 구해 보세요.

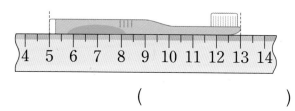

( )

1-3 열쇠의 길이는 몇 cm인가요?

( )

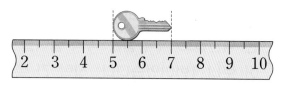

① 1 cm ② 2 cm ③ 3 cm
④ 5 cm ⑤ 7 cm

🔗 2회 16번 🔗 4회 16번

유형 2 굵은 선의 길이 구하기

빨간색 선의 길이는 몇 cm인지 구해 보세요.

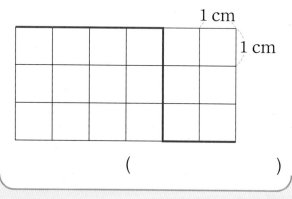

( )

❶Tip 빨간색 선은 1 cm씩 몇 번인지 구해요.

2-1 로봇이 몇 cm만큼 움직였는지 구해 보세요.

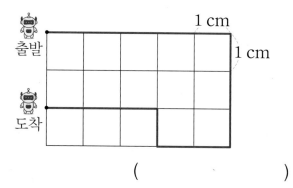

( )

2-2 파란색 선의 길이는 몇 cm인지 구해 보세요.

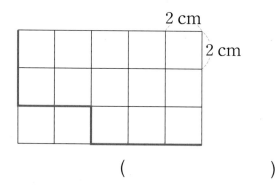

( )

유형 3 자로 잰 길이 비교하기
2회 17번 · 3회 13번

연필과 물감 중 더 긴 것을 써 보세요.

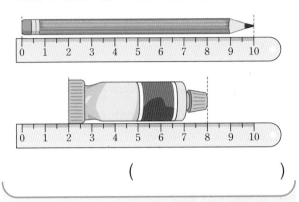

( )

❶Tip · 연필: 1 cm로 10번 ➔ 10 cm
· 물감: 1 cm로 6번 ➔ 6 cm

3-1 길이가 가장 짧은 색연필을 찾아 기호를 써 보세요.

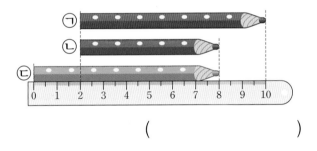

( )

3-2 수수깡의 길이는 도장의 길이보다 몇 cm 더 긴지 구해 보세요.

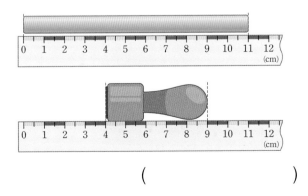

( )

유형 4 길이 비교하기
2회 14번 · 4회 12번

길이를 비교하여 ◯ 안에 >, =, <를 알맞게 써넣으세요.

1 cm가 5번 ◯ 6 센티미터

❶Tip cm를 사용하여 나타낸 후 길이를 비교해요.

4-1 길이를 비교하여 ◯ 안에 >, =, <를 알맞게 써넣으세요.

7 cm ◯ 1 cm가 8번

4-2 길이가 짧은 것부터 차례대로 기호를 써 보세요.

> ㉠ 7 cm
> ㉡ 5 센티미터
> ㉢ 1 cm가 8번

( )

4-3 길이가 가장 긴 것은 어느 것인가요?
( )

① 1 cm가 13번
② 12 cm
③ 14 cm
④ 15 센티미터
⑤ 1 cm가 16번

4
단원

🔗 3회 14번
유형 5 꺾어진 선의 길이 구하기

색연필로 겹치지 않게 선을 그었습니다. 그은 선은 모두 몇 cm인지 자로 길이를 재어 보세요.

(   )

> ❶Tip 파란색 선의 길이와 빨간색 선의 길이를 각각 자로 재어 더해요.

5-1 점 ㄱ에서 점 ㄴ을 지나 점 ㄷ까지의 선은 모두 몇 cm인지 자로 길이를 재어 보세요.

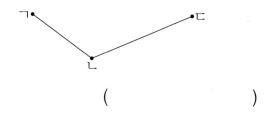

(   )

5-2 색연필로 겹치지 않게 선을 그었습니다. 그은 선은 모두 몇 cm인지 자로 길이를 재어 보세요.

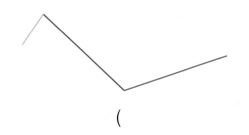

(   )

🔗 3회 16번
유형 6 같은 거리에 있는 점 찾기

빨간색 점에서 1 cm 거리에 있는 점을 찾아 선으로 그어 보세요.

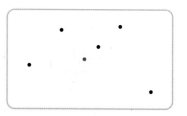

> ❶Tip 빨간색 점을 자의 눈금 0에 맞추고, 자의 눈금이 1인 점을 찾아요.

6-1 빨간색 점에서 3 cm 거리에 있는 점을 모두 찾아 선으로 그어 보세요.

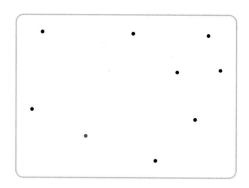

6-2 빨간색 점에서 2 cm 거리에 있는 점은 모두 몇 개인지 구해 보세요.

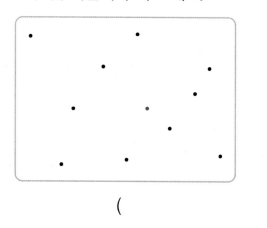

(   )

유형 7 막대를 여러 번 사용하여 길이 만들기

⌘ 2회 18번

1 cm, 2 cm, 3 cm 막대가 있습니다. 이 막대들을 여러 번 사용하여 8 cm를 만들어 보세요.

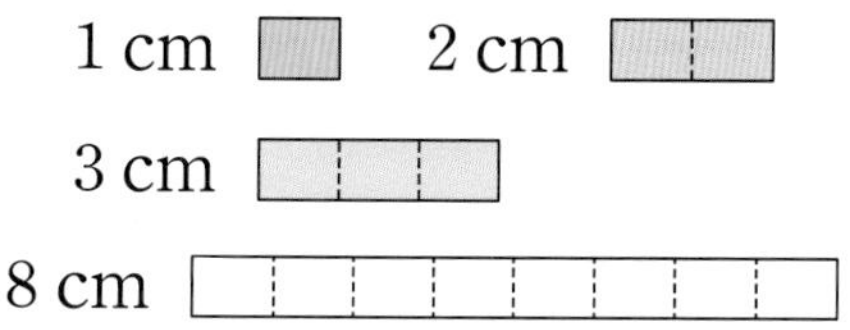

1 cm � ▭   2 cm ▭
3 cm ▭
8 cm ▭

❶Tip 1 cm, 2 cm, 3 cm를 붙여서 만들 수 있는 길이를 생각해요.

7-1 1 cm, 2 cm, 4 cm 막대가 있습니다. 이 막대들을 여러 번 사용하여 서로 다른 방법으로 9 cm를 만들었습니다. 잘못 만든 것에 ✕표 해 보세요.

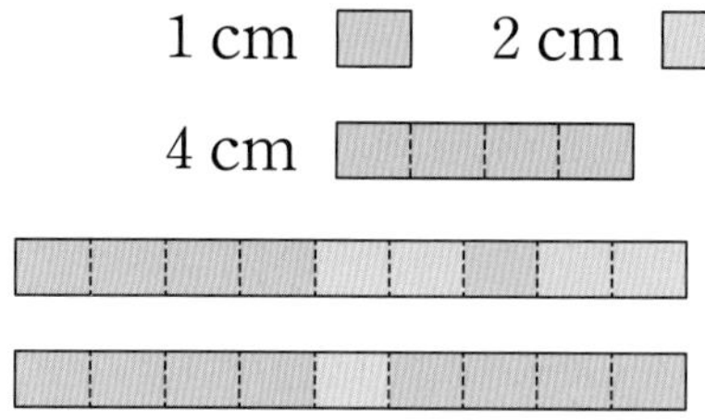

1 cm ▭   2 cm ▭
4 cm ▭

▭ (   )
▭ (   )

7-2 1 cm, 2 cm 막대가 있습니다. 이 막대들을 여러 번 사용하여 5 cm를 만들 수 있는 방법은 모두 몇 가지인지 구해 보세요. (단, 한 가지 길이의 막대만 사용하지 않습니다.)

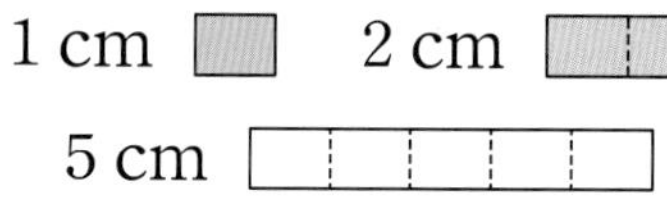

1 cm ▭   2 cm ▭
5 cm ▭

(   )

유형 8 잰 횟수 비교하기

⌘ 1회 14번

책장 긴 쪽의 길이를 서로 다른 단위로 재었습니다. 잰 횟수가 가장 많은 것을 찾아 써 보세요.

| 딱풀   우산   실내화 |

(   )

❶Tip 단위의 길이가 짧을수록 잰 횟수는 많아요.

8-1 교실 문 긴 쪽의 길이를 서로 다른 단위로 재었습니다. 잰 횟수가 가장 많은 것을 찾아 ○표 해 보세요.

| 수학책의 긴 쪽 | 새 연필 | 종이집게 |

(   )   (   )   (   )

8-2 책상의 짧은 쪽 길이를 서로 다른 단위로 재었습니다. 잰 횟수가 가장 적은 사람은 누구인지 ○표 해 보세요.

| 난 지우개로 재었어. | 난 뼘으로 재었어. | 난 수학책의 긴 쪽으로 재었어. |

(   )   (   )   (   )

4 단원

81

🔗 1회 19번

유형 9 단위를 바꾸어 길이 재기

리코더의 길이를 색연필로 재면 다음과 같습니다. 빗자루의 길이를 리코더로 재면 3번일 때, 빗자루의 길이는 색연필로 몇 번쯤인지 구해 보세요.

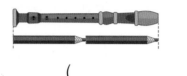

( )

❶ Tip 빗자루의 길이는 리코더를 색연필로 잰 횟수를 3번 더한 것과 같아요.

9-1 연필의 길이를 종이집게로 재면 다음과 같습니다. 공책 긴 쪽의 길이를 연필로 재면 2번일 때, 공책 긴 쪽의 길이는 종이집게로 몇 번쯤인지 구해 보세요.

( )

9-2 우산의 길이를 연필로 재면 다음과 같습니다. 칠판 짧은 쪽의 길이를 우산으로 재면 2번일 때, ☐ 안에 알맞은 수를 써넣으세요.

칠판 짧은 쪽의 길이는 연필로 ☐ 번쯤입니다.

🔗 4회 13번

유형 10 다른 단위로 잰 길이 비교하기

상우와 영현이가 가지고 있는 막대를 다음 털실로 재었더니 각각 5번이었습니다. 상우와 영현이 중 더 긴 막대를 가지고 있는 사람은 누구인지 이름을 써 보세요.

상우 ▬▬▬▬▬▬▬▬▬▬▬▬▬▬▬▬▬▬

영현 ▬▬▬▬▬▬▬▬▬▬▬▬▬

( )

❶ Tip 잰 횟수가 같으면 단위의 길이가 길수록 길어요.

10-1 각자 가지고 있는 물건으로 각각 11번 재어 선을 그었습니다. 선을 가장 길게 그은 사람은 누구인지 이름을 써 보세요.

예령	시훈	민혜
한 뼘	지팡이	이쑤시개

( )

10-2 가장 긴 끈을 가지고 있는 사람은 누구인지 이름을 써 보세요.

- 참별: 내 끈의 길이는 수학책의 긴 쪽으로 10번이야.
- 상호: 내 끈의 길이는 엄지손가락으로 10번이야.
- 미래: 내 끈의 길이는 딱풀로 10번이야.

( )

유형 11 단위의 길이 비교하기

🔗 4회 19번

영주와 민지가 각자의 뼘으로 책상 긴 쪽의 길이를 잰 것입니다. 영주와 민지 중 누구의 뼘의 길이가 더 긴지 이름을 써 보세요.

영주	민지
5번	6번

( )

❶Tip 잰 횟수가 적을수록 단위의 길이는 길어요.

11 -1 수현이와 대형이가 각자 가지고 있는 종이끈으로 교실 문 긴 쪽의 길이를 잰 것입니다. 수현이와 대형이 중 누구의 종이끈의 길이가 더 짧은지 이름을 써 보세요.

수현	대형
11번	10번

( )

11 -2 수지와 선우가 각자의 뼘으로 교탁 긴 쪽의 길이를 재었습니다. 수지와 선우 중 누구의 뼘의 길이가 더 긴지 이름을 써 보세요.

내 뼘으로는 7번이야. (수지)
내 뼘으로는 6번이야. (선우)

( )

유형 12 가장 가깝게 어림한 사람 찾기

🔗 2회 19번

태희와 도람이가 약 6 cm를 어림하여 끈을 잘랐습니다. 6 cm에 더 가깝게 어림한 사람은 누구인지 이름을 써 보세요.

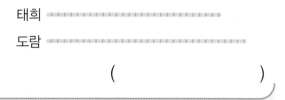

태희
도람

( )

❶Tip 자른 끈의 길이를 자로 재어 6 cm와 차이가 적게 어림한 사람을 찾아요.

12 -1 준현, 이서, 지호가 약 4 cm를 어림하여 색 테이프를 잘랐습니다. 가장 가깝게 어림한 사람은 누구인지 이름을 써 보세요.

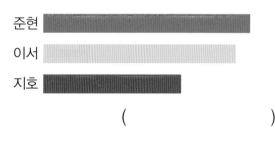

준현
이서
지호

( )

12 -2 상훈, 세운, 루아는 약 10 cm를 어림하여 종이를 잘랐습니다. 가깝게 어림한 사람부터 차례대로 이름을 써 보세요.

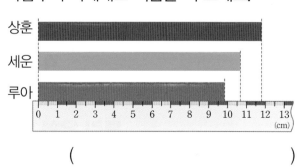

( )

4 단원

83

5 분류하기

개념 ① 분류는 어떻게 하는지 알아보기

• 좋아하는 것과 좋아하지 않는 것으로 분류하기 → 분류하는 사람마다 결과가 달라질 수 있습니다.

좋아하는 것	좋아하지 않는 것

• 색깔별로 분류하기 → 누가 분류해도 결과가 같습니다.

빨간색	노란색

➡ 누가 분류하더라도 결과가 같아지는 분명한 [   ]을/를 정해야 합니다.

개념 ② 기준에 따라 분류하기

• 색깔에 따라 분류하기

초록색	보라색

• [   ]에 따라 분류하기

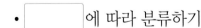

사각형 모양	삼각형 모양

개념 ③ 분류하고 세어 보기

◆ 좋아하는 과일을 종류에 따라 분류하고 세어 보기

사과	귤	사과	귤
포도	사과	사과	귤

종류	사과	귤	포도
세면서 표시하기	////	///	////
과일의 수(개)	4		1

개념 ④ 분류한 결과 말해 보기

◆ 저금통에 들어 있는 동전을 종류별로 분류하고 말해 보기

종류	500원	100원	10원
세면서 표시하기	////	////	////
동전의 수(개)	3	4	2

• 저금통에 가장 많이 들어 있는 동전은 [   ]원짜리 동전입니다.

• 저금통에 가장 적게 들어 있는 동전은 10원짜리 동전입니다.

정답 ❶ 기준 ❷ 모양 ❸ 3 ❹ 100

01~03 냉장고 안에 들어 있는 과일과 채소입니다. 물음에 답해 보세요.

AI가 뽑은 정답률 낮은 문제

01 🔗98쪽 유형1 냉장고 안에 들어 있는 것들을 분류하는 기준으로 알맞은 것에 ○표 해 보세요.

색깔	맛있는 것과 맛없는 것
( )	( )

02 빨간색인 것을 모두 찾아 번호를 써 보세요.

(   )

03 초록색인 것을 모두 찾아 번호를 써 보세요.

(   )

04 분류를 할 때 분명한 기준을 세워 분류해야 하는 이유가 바르면 ○표, 틀리면 ✕표 해 보세요.

> 누가 분류해도 결과가 같아야 하기 때문입니다.

(   )

05~08 칠교 조각을 분류하려고 합니다. 물음에 답해 보세요.

05 칠교 조각의 모양은 몇 가지인지 구해 보세요.

(   )

06 칠교 조각을 모양에 따라 분류하고 기호를 써 보세요.

삼각형	사각형

07 칠교 조각의 색깔은 몇 가지인지 구해 보세요.

(   )

08 칠교 조각을 색깔에 따라 분류하고 기호를 써 보세요.

빨간색	노란색	파란색

86

[09~11] 서아네 반 학생들이 좋아하는 빵을 조사한 것입니다. 물음에 답해 보세요.

피자빵	팥빵	크림빵	식빵
크림빵	크림빵	피자빵	크림빵
피자빵	피자빵	식빵	피자빵

09 빵을 종류에 따라 분류하고 그 수를 세어 보세요.

종류	피자빵	팥빵	크림빵	식빵
학생 수(명)				

10 가장 많은 학생들이 좋아하는 빵은 무엇인지 구해 보세요.

( )

📝서술형
11 빵을 종류에 따라 분류하여 세면 어떤 점이 좋은지 써 보세요.

답▶
_____
_____

[12~14] 여러 가지 자석이 있습니다. 물음에 답해 보세요.

⚡AI가 뽑은 정답률 낮은 문제

12 자석을 다음과 같이 분류하였습니다. 분류 기준을 써 보세요.
📎98쪽
유형2

분류 기준 _____

13 자석을 다시 분류한다면 어떤 기준으로 분류할 수 있는지 써 보세요.

분류 기준 _____

⚡AI가 뽑은 정답률 낮은 문제

14 위 13에서 정한 기준에 따라 분류하고 그 수를 세어 보세요.
📎100쪽
유형5

수(개)	

15~17 사탕 가게에서 어제 팔린 사탕을 조사한 것입니다. 물음에 답해 보세요.

① ② ③ ④ ⑤		
⑥ ⑦ ⑧ ⑨ ⑩		

⚡ AI가 뽑은 정답률 낮은 문제

15 사탕을 색깔과 모양에 따라 분류하고 번호를 써 보세요.

🔗 100쪽
유형 6

	빨간색	노란색	초록색
알사탕			
막대 사탕			

16 노란색 알사탕은 모두 몇 개인지 구해 보세요.

( )

17 알사탕은 막대 사탕보다 몇 개 더 많이 팔렸는지 구해 보세요.

( )

18~20 준호네 반 학생들이 소풍 가고 싶은 장소를 조사한 것입니다. 물음에 답해 보세요.

박물관	놀이공원	민속촌	동물원
민속촌	놀이공원	동물원	박물관
놀이공원	동물원	놀이공원	놀이공원

18 동물원에 소풍 가고 싶은 학생은 몇 명인지 구해 보세요.

( )

19 학생 수가 같은 장소는 어디와 어디인지 써 보세요.

(,)

⚡ AI가 뽑은 정답률 낮은 문제   ✏️서술형

20 준호네 반 학생들이 소풍으로 갈 장소를 어디로 정하면 좋을지 예상하고, 그 이유를 써 보세요.

🔗 103쪽
유형 10

답 ▶ _____

_____

_____

01~04 물건을 보고 물음에 답해 보세요.

벽돌	풀	북	책	케이크

01 물건의 분류 기준으로 알맞으면 ○표, 알맞지 않으면 ✕표 해 보세요.

가벼운 것과 무거운 것

( )

02 물건의 분류 기준으로 알맞으면 ○표, 알맞지 않으면 ✕표 해 보세요.

모양

( )

03 모양에 따라 분류할 때 책과 같은 칸에 분류할 수 있는 것을 찾아 써 보세요.

( )

04 모양에 따라 분류할 때 풀과 같은 칸에 분류할 수 있는 것을 모두 찾아 써 보세요.

( )

05~08 동물을 보고 물음에 답해 보세요.

말	미꾸라지	부엉이	제비
독수리	돼지	호랑이	금붕어

05 동물을 다리의 수에 따라 분류하고 이름을 써 보세요.

0개	
2개	
4개	

⚡ AI가 뽑은 정답률 낮은 문제

06 동물을 활동하는 곳에 따라 분류하고 그 수를 세어 보세요.

🔗99쪽 유형3

활동하는 곳	땅	하늘	물속
동물 수(마리)			

07 조사한 동물은 모두 몇 마리인지 구해 보세요.

( )

⚡ AI가 뽑은 정답률 낮은 문제

08 분류가 잘못된 동물에 ○표 해 보세요.

🔗99쪽 유형4

새끼를 낳는 동물	말, 미꾸라지, 돼지, 호랑이
알을 낳는 동물	부엉이, 제비, 독수리, 금붕어

09~11 어느 해 6월의 날씨를 조사한 것입니다. 물음에 답해 보세요.

일	월	화	수	목	금	토
	1 ☀	2 ☀	3 🌧	4 ☀	5 ☁	6 🌧
7 ☀	8 ☁	9 ☀	10 ☀	11 ☀	12 ☁	13 ☀
14 ☀	15 ☀	16 ☁	17 ☁	18 🌧	19 ☀	20 ☀
21 ☀	22 ☀	23 🌧	24 🌧	25 ☁	26 🌧	27 ☀
28 ☁	29 🌧	30 🌧				

☀맑은 날 ☁흐린 날 🌧비 온 날

09 날씨에 따라 분류하고 그 수를 세어 보세요.

날씨	☀	☁	🌧
날수(일)			

10 6월에 어떤 날씨가 가장 많았는지 ○표 해 보세요.

(☀ , ☁ , 🌧)

⚡AI가 **뽑은** 정답률 낮은 **문제**

11 6월에 비 온 날은 흐린 날보다 며칠 더 많았는지 구해 보세요.
🔗101쪽
유형 7

( )

12~14 혜지네 가족이 가게에서 산 과일입니다. 물음에 답해 보세요.

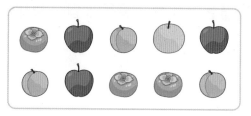

12 혜지네 가족이 산 과일 종류는 모두 몇 가지인지 구해 보세요.

( )

13 과일을 종류에 따라 분류하고 그 수를 세어 보세요.

과일	감	사과	복숭아	배
개수(개)				

✏서술형

14 종류별로 개수가 같으려면 어느 것을 몇 개 더 사야 하는지 풀이 과정을 쓰고 답을 구해 보세요.

풀이 ▶ _____

_____

_____

답 ▶ _____ ,

[15~17] 동화의 주인공을 조사한 것입니다. 물음에 답해 보세요.

콩쥐	엘사	놀부	심청
라푼젤	견우	홍길동	신데렐라
흥부	앨리스	걸리버	빨간 모자

15 동화의 주인공을 다음과 같이 분류했습니다. 빈칸에 분류 기준을 알맞게 써넣으세요.

	콩쥐, 엘사, 심청, 라푼젤, 신데렐라, 앨리스, 빨간 모자
	놀부, 견우, 홍길동, 흥부, 걸리버

16 동화의 주인공을 다음과 같이 분류했습니다. 빈칸에 분류 기준을 알맞게 써넣으세요.

	콩쥐, 놀부, 심청, 견우, 홍길동, 흥부
	엘사, 라푼젤, 신데렐라, 앨리스, 걸리버, 빨간 모자

⚡ AI가 뽑은 정답률 낮은 문제

17
📎 101쪽
유형 7
여자인 주인공 수와 남자인 주인공 수의 차는 몇 명인지 구해 보세요.

( )

[18~19] 조건을 모두 만족하는 카드는 몇 장인지 구해 보세요.

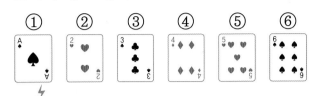

⚡ AI가 뽑은 정답률 낮은 문제

18
📎 102쪽
유형 8

조건
• 검은색입니다.
• ♣ 모양이 그려져 있습니다.

( )

⚡ AI가 뽑은 정답률 낮은 문제

19
📎 102쪽
유형 8

조건
• 빨간색입니다.
• ♥ 모양이 그려져 있습니다.

( )

📝 서술형

20 도형을 모양과 색깔에 따라 분류한 것입니다. 초록색 도형은 몇 개인지 풀이 과정을 쓰고 답을 구해 보세요.

분류 기준 1	모양	분류 기준 2	색깔

사각형	원	빨간색	초록색
12	9	7	

풀이▶

답▶

91

⚡ AI가 뽑은 정답률 낮은 문제

01 장난감의 분류 기준으로 알맞은 것에 ○표 해 보세요.

🔗98쪽
유형1

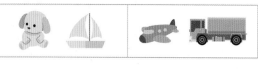

(색깔 , 모양)

02~04 양말을 무늬에 따라 분류하려고 합니다. 물음에 답해 보세요.

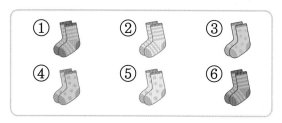

02 양말의 무늬에는 어떤 종류가 있는지 모두 찾아 ○표 해 보세요.

(줄무늬 , 꽃무늬 , 원 무늬)

03 양말을 무늬에 따라 분류하고 ☐ 안에 알맞은 번호를 써넣으세요.

줄무늬	원 무늬
①, ☐, ☐	③, ☐, ☐

04 줄무늬 양말은 모두 몇 켤레인지 구해 보세요.

(   )

05~07 기준에 따라 물건을 알맞게 분류하려고 합니다. 가게에 알맞은 물건을 모두 찾아 선으로 이어 보세요.

05

과일 가게

•

• 당근

• 고등어

06

채소 가게

•

• 사과

• 오징어

07

생선 가게

•

• 귤

• 가지

✏️서술형

08 나뭇잎을 예쁜 것과 예쁘지 않은 것으로 분류하려고 합니다. 분류 기준으로 알맞지 않은 이유를 쓰고, 어떻게 분류하면 좋을지 분류 기준을 써 보세요.

답▶
_____
_____
_____

[09~11] 깃발을 보고 물음에 답해 보세요.

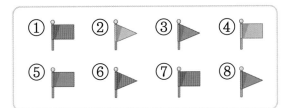

09 깃발을 분류할 수 있는 기준을 2가지 써 보세요.

| 분류 기준 1 | |
| 분류 기준 2 | |

⚡ AI가 뽑은 정답률 낮은 문제

10 위 09에서 정한 분류 기준 1로 깃발을 분류하고 번호를 써 보세요.
🔗100쪽
유형 5

⚡ AI가 뽑은 정답률 낮은 문제

11 위 09에서 정한 분류 기준 2로 깃발을 분류하고 번호를 써 보세요.
🔗100쪽
유형 5

[12~14] 민아네 반 학생들이 좋아하는 아이스크림을 조사한 것입니다. 물음에 답해 보세요.

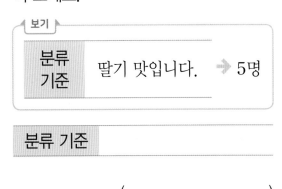

딸기 맛	초콜릿 맛	바닐라 맛	딸기 맛
초콜릿 맛	바닐라 맛	딸기 맛	초콜릿 맛
바닐라 맛	딸기 맛	딸기 맛	초콜릿 맛

12 모양에 따라 아이스크림을 분류하고 그 수를 세어 보세요.

모양		
학생 수(명)		

13 더 많은 학생들이 좋아하는 아이스크림은 어느 모양인지 ○표 해 보세요.

(🍦 , 🍦)

14 보기와 같이 분류 기준을 만들고, 만든 분류 기준에 따라 분류하고 그 수를 세어 보세요.

┌─ 보기 ─────────────────┐
| 분류
기준 | 딸기 맛입니다. ➡ 5명 |
└────────────────────────┘

| 분류 기준 | |

( )

5
단원

93

15~17 카드를 보고 물음에 답해 보세요.

⚡ AI가 뽑은 정답률 낮은 문제

15 카드를 색깔과 모양에 따라 분류하고 번호를 써 보세요.

🔗 **100쪽**
유형 **6**

	빨간색	노란색	초록색
원			
삼각형			

✏️ 서술형

16 원 모양과 삼각형 모양 중 어느 모양이 몇 장 더 많은지 풀이 과정을 쓰고 답을 구해 보세요.

풀이▶
_____

_____

_____

답▶ _____ , _____

17 원 모양이면서 초록색인 카드는 모두 몇 장인지 구해 보세요.

(   )

18~20 재형이네 반 학생들이 좋아하는 동물을 조사한 것과 분류하여 센 것입니다. 물음에 답해 보세요.

강아지	고양이	강아지	고양이	강아지
고양이	㉠	판다	양	판다
판다	강아지	고양이	강아지	양

동물	강아지	고양이	판다	양
학생 수 (명)	6	4	㉡	2

18 조사한 학생은 모두 몇 명인지 구해 보세요.

(   )

⚡ AI가 뽑은 정답률 낮은 문제

19 ㉠에 알맞은 동물을 써 보세요.

🔗 **103쪽**
유형 **9**

(   )

20 ㉡에 알맞은 수를 구해 보세요.

(   )

01 모양을 기준으로 분류할 수 있는 것에 ○표 해 보세요.

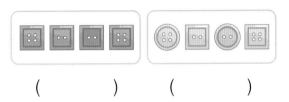

(   )   (   )

02~04 색종이로 접은 것을 보고 물음에 답해 보세요.

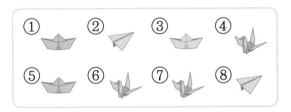

02 색종이로 접은 것을 어떤 색깔로 분류할 수 있는지 모두 찾아 기호를 써 보세요.

┌─────────────────────────────┐
│ ㉠ 빨간색 ㉡ 노란색 ㉢ 초록색 │
└─────────────────────────────┘

(   )

03 색종이로 접은 것을 색깔에 따라 분류하고 번호를 써 보세요.

초록색	노란색

04 색종이로 접은 것 중 노란색은 모두 몇 개인지 구해 보세요.

(   )

05 바퀴가 2개인 것과 4개인 것으로 분류한 것입니다. 잘못 분류한 것을 찾아 ✕표 해 보세요.

06~08 악기를 보고 물음에 답해 보세요.

리코더	실로폰	심벌즈	하모니카
탬버린	북	트럼본	장구

06 악기를 연주하는 방법에 따라 분류하고 악기의 이름을 써 보세요.

부는 것	
치는 것	

07 악기를 연주하는 방법에 따라 분류하고 그 수를 세어 보세요.

악기	부는 것	치는 것
악기 수(개)		

08 부는 것과 치는 것 중 어느 것이 더 많은지 써 보세요.

(   )

5 단원

09~11 우산을 보고 물음에 답해 보세요.

09 우산을 색깔에 따라 분류하고 그 수를 세어 보세요.

색깔	회색	초록색	빨간색
우산 수 (개)			

10 우산을 다시 분류한다면 어떤 기준으로 분류할 수 있는지 써 보세요.

분류 기준

🔋 **AI**가 뽑은 정답률 낮은 문제

11 위 10에서 정한 기준에 따라 분류하고 ∥100쪽 유형5 그 수를 세어 보세요.

우산 수(개)	

🔋 **AI**가 뽑은 정답률 낮은 문제

12 의자를 다음과 같이 분류하였습니다. 분 ∥98쪽 유형2 류 기준을 써 보세요.

분류 기준

13~14 학용품을 보고 물음에 답해 보세요.

13 학용품을 종류에 따라 분류하고 그 수를 세어 보세요.

종류	가위	풀	지우개
학용품 수(개)			

14 바르게 설명한 것을 찾아 기호를 써 보세요.

> ㉠ 학용품은 모두 10개입니다.
> ㉡ 지우개는 5개입니다.
> ㉢ 가장 많은 학용품은 풀입니다.

(   )

15~17 어느 컵 가게에서 오늘 팔린 컵을 조사한 것입니다. 물음에 답해 보세요.

15 손잡이가 1개인 컵은 모두 몇 개 팔렸는지 구해 보세요.

( )

AI가 뽑은 정답률 낮은 문제　　✏️서술형

16 노란색 컵은 파란색 컵보다 몇 개 더 많이 팔렸는지 풀이 과정을 쓰고 답을 구해 보세요.
🔗101쪽
유형 7

풀이▶

답▶

⚡AI가 뽑은 정답률 낮은 문제

17 컵 가게 사장님은 내일 컵을 더 많이 팔기 위해 어떤 색깔 컵을 가장 많이 준비해야 할지 예상해 보세요.
🔗103쪽
유형10

( )

18~19 현수네 반 학생들이 한 달 동안 읽은 책 수를 조사한 것입니다. 물음에 답해 보세요.

5권	1권	3권	5권
3권	3권	4권	2권
1권	2권	2권	5권

18 읽은 책 수에 따라 분류하고 그 수를 세어 보세요.

책 수	1권	2권	3권	4권	5권
학생 수 (명)					

✏️서술형

19 책을 3권보다 많이 읽은 학생은 모두 몇 명인지 풀이 과정을 쓰고 답을 구해 보세요.

풀이▶

답▶

20 수아네 반 학생 15명이 존경하는 인물을 조사하였습니다. 가장 많은 학생들이 존경하는 인물은 누구인지 구해 보세요.

인물	이순신	세종대왕	신사임당	유관순
학생 수 (명)		6	3	2

( )

5단원

🔗 1회 1번　🔗 3회 1번

유형 1 　**분류 기준으로 알맞은 것 찾기**

꽃병의 분류 기준으로 알맞은 것의 기호를 써 보세요.

> ㉠ 손잡이가 2개인 것과 없는 것
> ㉡ 예쁜 것과 예쁘지 않은 것

(　　　　　　)

❶Tip 분류할 때는 분명한 기준을 정해야 해요.

1-1 구슬의 분류 기준으로 알맞은 것의 기호를 써 보세요.

> ㉠ 구슬의 모양
> ㉡ 보라색과 노란색

(　　　　　　)

1-2 과자의 분류 기준으로 알맞지 않은 것을 찾아 기호를 써 보세요.

> ㉠ 줄무늬가 있는 것과 없는 것
> ㉡ 동그란 모양과 네모난 모양
> ㉢ 맛있는 것과 맛없는 것

(　　　　　　)

🔗 1회 12번　🔗 4회 12번

유형 2 　**분류한 것을 보고 분류 기준 찾기**

바구니의 분류 기준을 써 보세요.

분류 기준

❶Tip 분류한 결과의 공통적인 특징을 찾아요.

2-1 자전거의 분류 기준을 써 보세요.

분류 기준

2-2 우유의 분류 기준을 써 보세요.

분류 기준

딸기 맛	초콜릿 맛

🔗 2회 6번

유형 3 여러 가지 기준으로 분류하고 세어 보기

단추를 색깔에 따라 분류하여 번호를 쓰고, 그 수를 세어 보세요.

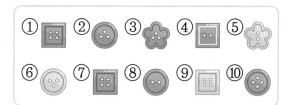

색깔	파란색	빨간색	노란색
번호			
단추 수(개)			

❶Tip 분류하여 수를 셀 때에는 종류별로 서로 다른 표시를 하면서 자료를 빠뜨리지 않고 세어야 해요.

3 -1 위 유형 **3** 의 단추를 모양에 따라 분류하여 번호를 쓰고, 그 수를 세어 보세요.

모양	사각형	원	꽃
번호			
단추 수(개)			

3 -2 위 유형 **3** 의 단추를 구멍의 수에 따라 분류하고 그 수를 세어 보세요.

구멍의 수	2개	3개	4개
단추 수(개)			

🔗 2회 8번

유형 4 잘못 분류한 것 찾기

분류가 잘못된 것에 ○표 하고, 어느 상자로 보내야 하는지 써 보세요.

플라스틱 상자	캔 상자	비닐 상자

(   )

❶Tip 분류 기준에 따라 바르게 분류되어 있는지 확인해요.

4 -1 분류가 잘못된 것에 ○표 하고, 어느 칸으로 보내야 하는지 써 보세요.

고기 칸	
생선 칸	
채소 칸	

(   )

4 -2 분류가 잘못된 것에 ○표 하고, 어느 칸으로 보내야 하는지 써 보세요.

티셔츠 칸	
바지 칸	
치마 칸	

(   )

5 단원

1회 14번 | 3회 10, 11번 | 4회 11번

유형 5 기준을 정하여 분류하기

기준을 정하여 인형을 분류하고 번호를 써 보세요.

분류 기준

❶Tip 분명한 분류 기준을 정하고 정한 분류 기준에 맞게 분류해요.

5-1 기준을 정하여 화분을 분류하고 번호를 써 보세요.

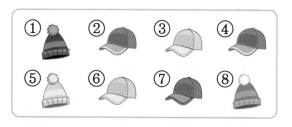

분류 기준

5-2 모자를 상자 3개에 분류하여 담으려고 합니다. 기준을 정하여 모자를 분류하고 번호를 써 보세요.

분류 기준

1회 15번 | 3회 15번

유형 6 두 가지 기준에 따라 분류하기

접시를 색깔과 모양에 따라 분류하고 번호를 써 보세요.

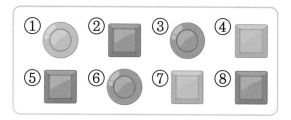

	초록색	파란색
원		
사각형		

❶Tip 한 가지 기준으로 분류한 후 그 결과를 다시 나머지 기준으로 분류해요.

6-1 주스를 맛과 모양에 따라 분류하고 번호를 써 보세요.

	레몬주스	사과주스	포도주스
🍾			
🧃			

6-2 꽃잎을 수와 색깔에 따라 분류하고 번호를 써 보세요.

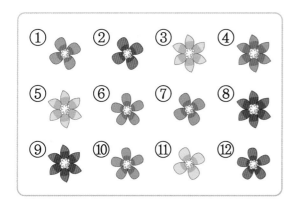

	4장	5장	6장
보라색			
빨간색			
연두색			

⊘ 2회 11, 17번 ⊘ 4회 16번

유형 7 **분류한 결과의 수의 크기 비교하기**

물건을 모양에 따라 분류했을 때, ⚪ 모양은 ⬭ 모양보다 몇 개 더 많은지 구해 보세요.

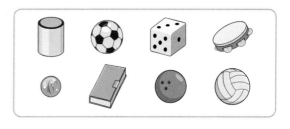

(   )

⊕Tip 분류 기준에 따라 분류하여 그 수를 세어요.

7-1 민우네 반 학생들이 생일에 받고 싶은 선물을 조사한 것입니다. 게임기를 받고 싶은 학생은 로봇을 받고 싶은 학생보다 몇 명 더 많은지 구해 보세요.

🎮 게임기	🤖 로봇	🧱 블록	🧍 인형
🧱 블록	🎮 게임기	🤖 로봇	🧱 블록
🎮 게임기	🧍 인형	🎮 게임기	🎮 게임기

(   )

5
단원

7 -2 주희네 반 학생들이 배우고 싶은 악기를 조사한 것입니다. 가장 많은 학생들이 배우고 싶은 악기와 가장 적은 학생들이 배우고 싶은 악기의 학생 수의 차는 몇 명인지 구해 보세요.

심벌즈	플루트	기타	트럼펫
플루트	기타	플루트	트럼펫
기타	플루트	기타	플루트

(   )

유형 8   🔗 2회 18, 19번

조건에 따라 분류하고 세어 보기

조건을 모두 만족하는 손수건은 몇 개인지 구해 보세요.

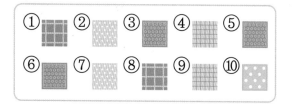

조건
• 보라색입니다.
• 체크무늬가 있습니다.

(   )

🔵 Tip 조건에 따라 분류하고 그 수를 세어요.

---

8 -1 조건을 모두 만족하는 그림 카드는 몇 장인지 구해 보세요.

조건
• 구멍이 2개입니다.
• 털이 있습니다.

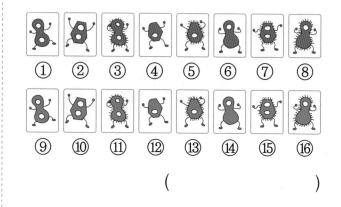

(   )

8 -2 조건을 모두 만족하는 수 카드를 찾았더니 1장이었습니다. 찾은 수 카드는 어떤 색깔인지 알맞은 말에 ◯표 해 보세요.

101	253	19	8	578
26	87	309	464	93

조건
• 세 자리 수가 쓰여 있습니다.
• 300보다 큰 수가 쓰여 있습니다.
• (빨간색 , 파란색 , 초록색)입니다.

🔗 3회 19번

유형 9 모르는 자료 구하기

초콜릿 상자에 들어 있는 초콜릿을 조사한 것입니다. ㉠에 알맞은 모양을 구해 보세요.

모양	원	사각형	하트
초콜릿 수(개)	2	3	3

( )

❶ Tip 먼저 조사한 자료에서 모양별로 개수를 세어요.

9-1 유라네 반 학생들이 좋아하는 색깔을 조사한 것입니다. ㉠에 알맞은 색깔을 구해 보세요.

색깔	빨간색	보라색	파란색
학생 수(명)	2	3	4

( )

9-2 체육관에 있는 공을 조사한 것입니다. ㉠에 알맞은 공을 구해 보세요.

공	농구공	축구공	야구공
공의 수(개)	3	2	2

( )

🔗 1회 20번 🔗 4회 17번

유형 10 분류한 결과를 보고 예상하기

어느 가게에서 오늘 팔린 음식을 조사한 것입니다. 내일 음식을 더 많이 팔기 위해 어떤 음식을 가장 많이 준비해야 할지 예상해 보세요.

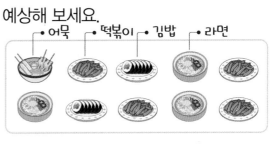

• 어묵   • 떡볶이   • 김밥   • 라면

( )

❶ Tip 분류하여 세어 본 후 분류한 결과를 보고 예상해요.

10-1 지민이네 반 학생들이 좋아하는 체육 활동을 조사한 것입니다. 내일 체육 시간에 어떤 활동을 하는 것이 좋을지 예상해 보세요.

줄넘기	축구	줄넘기	배드민턴
배드민턴	줄넘기	훌라후프	축구
축구	배드민턴	줄넘기	줄넘기

( )

5 단원

6

곱셈

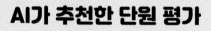

개념 1 여러 가지 방법으로 세어 보기

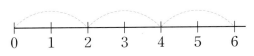

방법 1 하나씩 세어 보기

1, 2, 3, 4, 5, 6이므로 모두 6개입니다.

방법 2 뛰어 세어 보기

2씩 뛰어 세면 모두 ☐ 입니다.

방법 3 묶어 세어 보기

2씩 3묶음이므로 모두 6입니다.

개념 2 묶어 세어 보기

방법 1 4씩 묶어 세어 보기

4씩 2묶음

4 ─ 8

→ ☐ 개

방법 2 2씩 묶어 세어 보기

2씩 4묶음

2 ─ 4 ─ 6 ─ 8

→ 8개

개념 3 몇의 몇 배 알아보기

3씩 4묶음은
3의 ☐ 배입니다.

개념 4 몇의 몇 배로 나타내기

→ 빨간색 모형이 3묶음 있으면
파란색 모형의 수와 같습니다.

파란색 모형의 수는 빨간색 모형의 수의

☐ 배입니다.

개념 5 곱셈 알아보기

◆ 곱셈 알아보기

3씩 5묶음 → 3의 5배 → **쓰기** 3 × ☐

읽기 3 곱하기 5

◆ 곱셈식 알아보기

• 5 + 5는 5 × 2와 같습니다.
• 5 × 2 = 10
• 5 곱하기 2는 10과 같습니다.
• 5와 2의 곱은 10입니다.

개념 6 곱셈식으로 나타내기

우유의 수는 6의 4배입니다.

덧셈식 6 + 6 + 6 + 6 = 24

곱셈식 6 × ☐ = 24

정답 ❶ 6 ❷ 8 ❸ 4 ❹ 3 ❺ 5 ❻ 4

01 꽃은 모두 몇 송이인지 하나씩 세어 보세요.

(   )

02~04 복숭아는 모두 몇 개인지 여러 가지 방법으로 세어 보려고 합니다. 물음에 답해 보세요.

02 3씩 뛰어 세어 보세요.

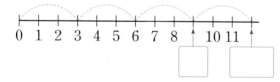

03 4씩 묶어 세어 보세요.

4씩 묶어 세면 4, ☐, ☐ 입니다.

04 복숭아는 모두 몇 개인지 구해 보세요.

(   )

05 그림을 보고 ☐ 안에 알맞은 수를 써넣으세요.

6씩 ☐ 묶음은 6의 ☐ 배입니다.

06 그림을 보고 ☐ 안에 알맞은 수를 써넣으세요.

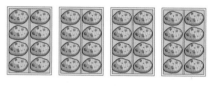

8+8+8+8은 ☐×☐ 와/과 같습니다.

07 곱셈식으로 나타내어 보세요.

9 곱하기 5는 45와 같습니다.

곱셈식 _____

08 나타내는 수가 다른 하나를 찾아 기호를 써 보세요.

㉠ 7+7+7   ㉡ 7×3   ㉢ 7+3

(   )

09 리본 20개는 몇씩 몇 묶음인지 ☐ 안에 알맞은 수를 써넣으세요.

📎 118쪽
유형 2

4씩 ☐ 묶음, 5씩 ☐ 묶음

서술형

10 노란색 구슬 수는 초록색 구슬 수의 몇 배인지 풀이 과정을 쓰고 답을 구해 보세요.

풀이 ▶

_____

_____

_____

답 ▶

_____

11 ☐ 안에 알맞은 수를 써넣으세요.

27은 9씩 ☐ 묶음입니다.

12 인형의 수를 바르게 센 것을 찾아 기호를 써 보세요.

㉠ 2씩 7묶음이므로 14개입니다.
㉡ 7씩 뛰어 세면 7, 14, 21이므로 21개입니다.
㉢ 5씩 묶어 세면 5, 10으로 10개입니다.

(   )

13 사탕의 수를 곱셈식으로 잘못 나타낸 것의 기호를 써 보세요.

㉠ $2 \times 9 = 18$ ㉡ $3 \times 7 = 21$

(   )

14 젤리가 한 봉지에 8개씩 들어 있습니다. 5봉지에 들어 있는 젤리는 모두 몇 개인지 곱셈식으로 나타내고 답을 구해 보세요.

📎 119쪽
유형 4

곱셈식

답 _____

6
단원

15 📝서술형

나타내는 수가 다른 하나를 찾아 기호를 쓰려고 합니다. 풀이 과정을 쓰고 답을 구해 보세요.

> ㉠ 5의 6배
> ㉡ 5 × 6
> ㉢ 6씩 6묶음

풀이▶
_____
_____
_____

답▶
_____

16 오른쪽 연결 모형 수의 6배만큼 연결 모형을 쌓으려고 합니다. 쌓으려는 연결 모형은 모두 몇 개인지 구해 보세요.

(   )

17 빨간색 사과는 5개씩 9묶음 있고, 초록색 사과는 30개 있습니다. 빨간색 사과와 초록색 사과 중에서 어느 사과가 몇 개 더 많은지 차례대로 써 보세요.

(,   )

⚡ AI가 뽑은 정답률 낮은 **문제**

18 🔗121쪽 유형 **7**

빈칸에 1부터 9까지의 수를 써넣어 곱이 24인 곱셈식을 만들어 보세요.

		× →	
3	8	24
		24
		24
		24

19 ■와 ▲의 합을 구해 보세요.

> • 5의 3배는 ■입니다.
> • 7과 6의 곱은 ▲입니다.

(   )

⚡ AI가 뽑은 정답률 낮은 **문제**

20 🔗123쪽 유형 **11**

어느 농장에 돼지는 5마리 있고, 닭은 6마리 있습니다. 이 농장에 있는 돼지와 닭의 다리는 모두 몇 개인지 구해 보세요.

(   )

점수

01~04 종은 모두 몇 개인지 세어 보려고 합니다. 물음에 답해 보세요.

01 종은 7씩 몇 묶음인지 ☐ 안에 알맞은 수를 써넣으세요.

7씩 ☐ 묶음

02 7씩 묶어 세어 보세요.

7 — 14 — ☐ — ☐

03 종은 모두 몇 개인지 구해 보세요.

(   )

04 종을 다른 방법으로 묶어 세면 몇씩 몇 묶음인지 ☐ 안에 알맞은 수를 써넣으세요.

4씩 ☐ 묶음

05 고리의 수를 곱셈으로 나타내어 보세요.

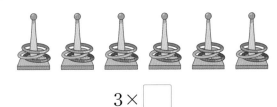

$3 \times$ ☐

06 사탕의 수는 모두 몇 개인지 묶어 세어 보세요.

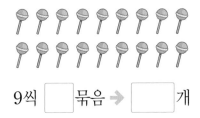

9씩 ☐ 묶음 ➡ ☐ 개

07 ☐ 안에 알맞은 수를 써넣으세요.

6씩 7묶음 ➡ ┌ 6의 ☐ 배
                 └ $6 \times$ ☐ = ☐

⚡AI가 뽑은 정답률 낮은 문제

08 덧셈식을 곱셈식으로 나타내어 보세요.

🔗118쪽
유형 1

$8+8+8+8+8+8=48$

곱셈식 _____

6
단원

09~10 그림을 보고 물음에 답해 보세요.

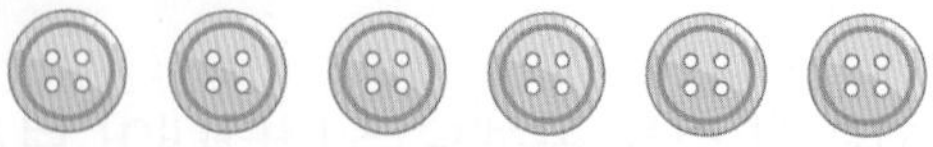

09 단춧구멍의 수를 덧셈식으로 나타내어 보세요.

덧셈식 _____

10 단춧구멍의 수를 곱셈식으로 나타내어 보세요.

곱셈식 _____

AI가 뽑은 정답률 낮은 문제

11

118쪽 유형 **2**
모자의 수를 몇의 몇 배로 나타내어 보세요.

3의 ⬜ 배, 7의 ⬜ 배

AI가 뽑은 정답률 낮은 문제

12

119쪽 유형 **3**
물고기의 수를 여러 가지 곱셈식으로 나타내어 보세요.

$2 \times$ ⬜ $=$ ⬜

$4 \times$ ⬜ $=$ ⬜

$8 \times$ ⬜ $=$ ⬜

13 수지의 막대 길이가 지후의 막대 길이의 3배가 되도록 색칠해 보세요.

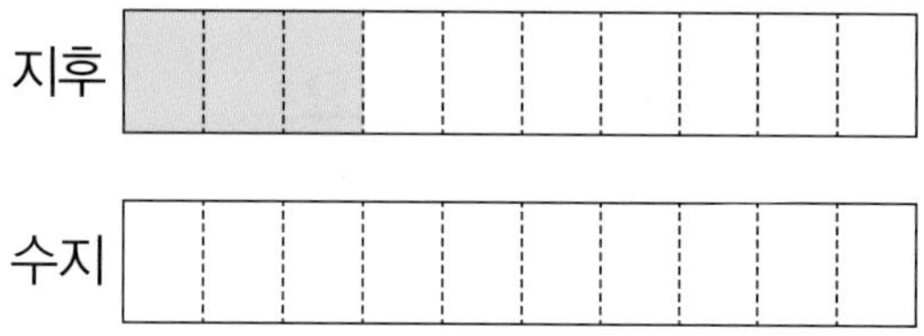

지후

수지

🖉서술형

14 밤이 한 봉지에 9개씩 4봉지 있습니다. 밤은 모두 몇 개인지 풀이 과정을 쓰고 답을 구해 보세요.

풀이 ▶ _____

_____

_____

답 ▶ _____

15 나타내는 수의 크기를 비교하여 ○ 안에
>, =, <를 알맞게 써넣으세요.

5의 7배 ○ 4씩 9묶음

16 AI가 뽑은 정답률 낮은 문제

16 □ 안에 알맞은 수를 구해 보세요.

120쪽
유형 6

$$2 \times \square = 18$$

( )

서술형

17 도현이는 윗몸 일으키기를 4개씩 하는
계획을 세우고, 계획을 실천한 날에 ○표
했습니다. 일주일 동안 윗몸 일으키기를
모두 몇 번 했는지 풀이 과정을 쓰고 답
을 구해 보세요.

월	화	수	목	금	토	일
○	○		○	○		○

풀이 ▶ _____

_____

_____

답 ▶ _____

AI가 뽑은 정답률 낮은 문제

18 서아는 한 상자에 4개씩 2줄 들어 있는
도넛을 7상자 샀습니다. 서아가 산 도넛
은 모두 몇 개인지 구해 보세요.

122쪽
유형 10

( )

AI가 뽑은 정답률 낮은 문제

19 수 카드 4장 중에서 2장을 골라 카드에
적힌 수를 곱하려고 합니다. 곱이 가장
클 때의 곱을 구해 보세요.

123쪽
유형 12

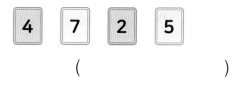

( )

6
단원

20 □ 안에 들어갈 수 있는 한 자리 수를
모두 구해 보세요.

$$3 \times \square > 20$$

( )

01~04 그림을 보고 물음에 답해 보세요.

01 ☐ 안에 알맞은 수를 써넣으세요.

참외의 수는 2씩 ☐ 묶음입니다.

02 ☐ 안에 알맞은 수를 써넣으세요.

참외의 수는 2의 ☐ 배입니다.

03 참외의 수를 곱셈으로 나타내어 보세요.

$2 \times$ ☐

04 참외는 몇 개인지 구해 보세요.

( )

05 6씩 3번 뛰어 세면 얼마인지 구해 보세요.

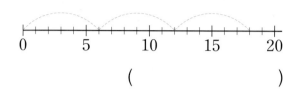

( )

06 그림을 보고 ☐ 안에 알맞은 수를 써넣으세요.

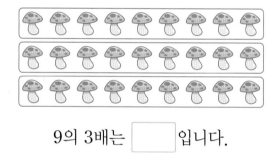

9의 3배는 ☐ 입니다.

07 꽃의 수를 곱셈식으로 나타내어 보세요.

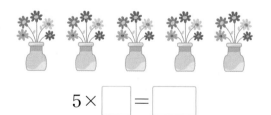

$5 \times$ ☐ $=$ ☐

AI가 뽑은 정답률 낮은 문제

08 관계있는 것끼리 선으로 이어 보세요.

🔗 118쪽
유형 1

$4+4+4$		7×2
$7+7$		4×3

09~10 땅콩이 18개 있습니다. 물음에 답해 보세요.

09 땅콩을 6개씩 묶으면 몇 묶음인지 구해 보세요.

( )

10 18은 6의 몇 배인지 구해 보세요.

( )

11 ●의 수를 곱셈식으로 바르게 나타낸 것을 모두 고르세요. ( )

① 2×9   ② 3×9   ③ 4×5
④ 7×2   ⑤ 9×2

12 곱이 30인 것의 기호를 써 보세요.

㉠ 4×8   ㉡ 6×5

( )

AI가 뽑은 정답률 낮은 문제

13 초콜릿이 한 상자에 9개씩 들어 있습니다. 6상자에 들어 있는 초콜릿은 모두 몇 개인지 곱셈식으로 나타내고 답을 구해 보세요.
📎 119쪽
유형 4

곱셈식 _____

답 _____

AI가 뽑은 정답률 낮은 문제   ✏서술형

14 곱이 더 큰 것의 기호를 쓰려고 합니다. 풀이 과정을 쓰고 답을 구해 보세요.
📎 120쪽
유형 5

㉠ 6×8   ㉡ 7×7

풀이 ▶ _____

_____

_____

답 ▶ _____

6
단원

15 이쑤시개를 이용하여 다음과 같은 삼각형 8개를 만들려고 합니다. 필요한 이쑤시개는 모두 몇 개인지 구해 보세요.

(   )

📝 서술형

16 딱지를 민주는 6장 가지고 있고, 언니는 민주의 9배만큼 가지고 있습니다. 민주와 언니가 가지고 있는 딱지는 모두 몇 장인지 풀이 과정을 쓰고 답을 구해 보세요.

[풀이] ▶

_____

_____

_____

[답] ▶

_____

⚡ AI가 뽑은 정답률 낮은 문제

17 곱이 24인 곱셈식을 만들려고 합니다.
🔗 120쪽
[유형 6]
■와 ▲에 알맞은 수를 각각 구해 보세요.

| ■ × 4 | 8 × ▲ |

■ (   )

▲ (   )

⚡ AI가 뽑은 정답률 낮은 문제

18 빵이 한 접시에 4개씩 놓여 있습니다.
🔗 122쪽
[유형 9]
이 빵을 봉지 한 개에 2개씩 담는다면 봉지는 몇 개가 필요한지 구해 보세요.

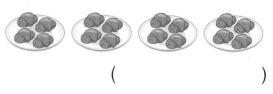

(   )

19 ㉠과 ㉡의 합은 4의 몇 배인지 구해 보세요.

| ㉠ 4의 5배   ㉡ 4의 2배 |

(   )

20 윗옷 하나와 아래옷 하나를 짝지어 입으려고 합니다. 옷을 입는 방법은 모두 몇 가지인지 구해 보세요.

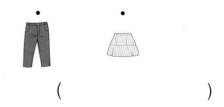

(   )

01~03 연결 모형은 모두 몇 개인지 묶어 세려고 합니다. 물음에 답해 보세요.

01 2씩 묶어 세어 보세요.

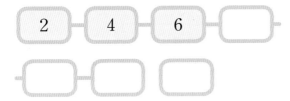

02 7씩 묶어 세어 보세요.

03 연결 모형은 모두 몇 개인지 구해 보세요.

(   )

04 ☐ 안에 알맞은 수를 써넣고, 5씩 4번 뛰어 센 수는 얼마인지 구해 보세요.

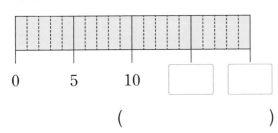

(   )

05 그림을 보고 ☐ 안에 알맞은 수를 써넣으세요.

3씩 ☐ 묶음

06 ☐ 안에 알맞은 수를 써넣으세요.

$6+6+6+6+6=$ ☐

➔ $6 \times$ ☐ $=$ ☐

07 과자의 수를 곱셈식으로 나타내어 보세요.

4의 ☐ 배 ➔ $4 \times$ ☐ $=$ ☐

 AI가 뽑은 정답률 낮은 문제

08 오리 인형은 몇씩 몇 묶음인지 바르게 나타낸 것에 ◯표 해 보세요.

🔗 118쪽 유형 2

3씩 3묶음	2씩 3묶음
( )	( )

6 단원

09 나타내는 수가 9씩 5묶음과 다른 것의 기호를 써 보세요.

> ㉠ 9＋9＋9＋9＋9＋9
> ㉡ 9의 5배

( )

10 감의 수는 딸기의 수의 몇 배인지 구해 보세요.

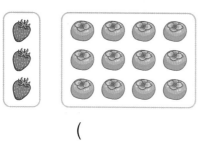

( )

11 공깃돌의 수를 곱셈식으로 잘못 설명한 것을 찾아 기호를 써 보세요.

> ㉠ 6＋6은 6×6과 같습니다.
> ㉡ 6과 2의 곱은 12입니다.
> ㉢ 6×2＝12는 '6 곱하기 2는 12와 같습니다.'라고 읽습니다.

( )

12 그림에 알맞은 곱셈식을 빈칸에 써넣으세요.

✳	✳✳	✳✳✳
$5 \times 1 = 5$		

AI가 뽑은 정답률 낮은 문제
13 파프리카는 모두 몇 개인지 두 가지 곱셈식으로 나타내어 보세요.

🔗 119쪽
유형3

곱셈식 _____

곱셈식 _____

✏️서술형
14 가장 큰 수의 8배는 얼마인지 풀이 과정을 쓰고 답을 구해 보세요.

6	9	3	8

풀이 ▷ _____

_____

_____

_____

답 ▷ _____

15 친구 4명이 가위바위보를 하여 모두 가위를 냈습니다. 펼친 손 가락은 모두 몇 개인지 구해 보세요.

( )

16 ㉠과 ㉡의 차를 구해 보세요.

• 7의 9배는 ㉠입니다.
• 5 곱하기 8은 ㉡입니다.

( )

서술형

17 한 상자에 8개씩 들어 있는 도넛이 있습니다. 도넛을 어제는 2상자, 오늘은 4상자 샀다면 어제와 오늘 산 도넛은 모두 몇 개인지 풀이 과정을 쓰고 답을 구해 보세요.

풀이 ▶

_____

_____

_____

답 ▶

_____

AI가 뽑은 정답률 낮은 문제

18 ◈ 모양이 규칙적으로 그려진 종이 위에 물감이 묻었습니다. 종이에 그려진 ◈ 모양은 모두 몇 개인지 구해 보세요.
∂ 121쪽 유형 8

( )

19 바둑돌을 세호는 6개, 미래는 12개 가지고 있었습니다. 세호가 미래에게 바둑돌을 3개 주었다면 미래가 가지고 있는 바둑돌 수는 세호가 가지고 있는 바둑돌 수의 몇 배인지 구해 보세요.

( )

AI가 뽑은 정답률 낮은 문제

20 은주네 반은 4명씩 6모둠이고, 형우네 반은 5명씩 5모둠입니다. 누구네 반이 몇 명 더 많은지 차례대로 써 보세요.
∂ 123쪽 유형 11

(,)

6 단원

2회 8번 3회 8번

유형 1 덧셈식과 곱셈식의 관계

덧셈식을 곱셈식으로 나타내어 보세요.

$5+5+5+5+5+5=30$

곱셈식 ______________________

Tip ■+■+……+■=● → ■×▲=● (▲번)

1-1 곱셈식을 덧셈식으로 나타내어 보세요.

$9\times5=45$

덧셈식 ______________________

1-2 관계있는 것끼리 선으로 이어 보세요.

$2+2+2+2$	8×2
$8+8$	2×4

1-3 덧셈식은 곱셈식으로, 곱셈식은 덧셈식으로 바르게 나타낸 것의 기호를 써 보세요.

㉠ $7+7+7$ → 7×3
㉡ 4×4 → $4+2$

(　　　　　　)

1회 9번 2회 11번 4회 8번

유형 2 서로 다른 방법으로 묶어 세기

구슬 14개는 몇씩 몇 묶음인지 □ 안에 알맞은 수를 써넣으세요.

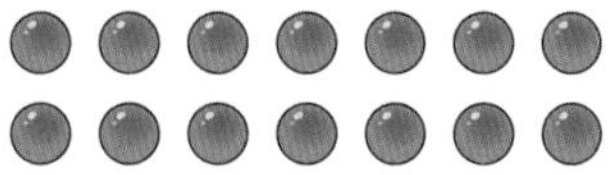

2씩 □ 묶음, 7씩 □ 묶음

Tip 몇씩 묶는지에 따라 묶음의 수가 달라지는 것에 주의해요.

2-1 야구공 15개는 몇씩 몇 묶음인지 □ 안에 알맞은 수를 써넣으세요.

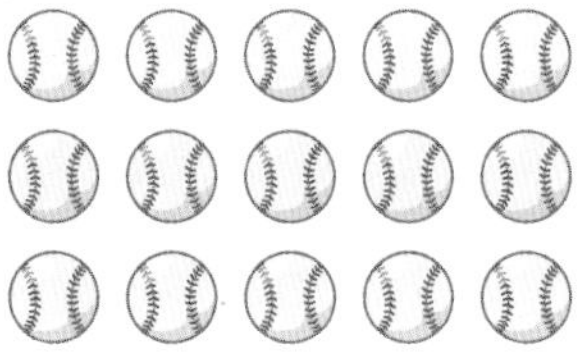

3씩 □ 묶음, 5씩 □ 묶음

2-2 당근은 모두 몇 개인지 바르게 센 것을 찾아 기호를 써 보세요.

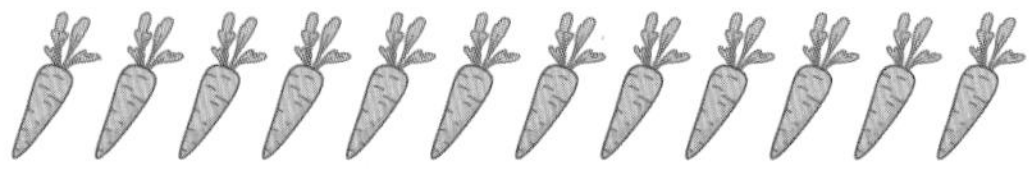

㉠ 2개씩 5묶음이므로 10개입니다.
㉡ 3개씩 4묶음이므로 12개입니다.
㉢ 6개씩 3묶음이므로 18개입니다.

(　　　　　　)

유형 3 여러 가지 곱셈식으로 나타내기

빵의 수를 여러 가지 곱셈식으로 나타내어 보세요.

$3 \times \boxed{} = \boxed{}$, $9 \times \boxed{} = \boxed{}$

❶Tip 빵을 몇씩 몇 묶음으로 묶을 수 있는지 알아보세요.

3-1 귤의 수를 여러 가지 곱셈식으로 나타내어 보세요.

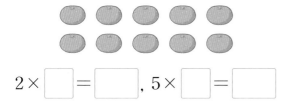

$2 \times \boxed{} = \boxed{}$, $5 \times \boxed{} = \boxed{}$

3-2 비행기의 수를 여러 가지 곱셈식으로 나타내어 보세요.

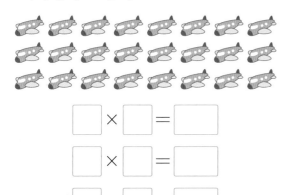

$\boxed{} \times \boxed{} = \boxed{}$

$\boxed{} \times \boxed{} = \boxed{}$

$\boxed{} \times \boxed{} = \boxed{}$

$\boxed{} \times \boxed{} = \boxed{}$

유형 4 실생활 속 곱셈 문제 해결하기

음료수가 한 상자에 6병씩 5상자 있습니다. 음료수는 모두 몇 병인지 곱셈식으로 나타내고 답을 구해 보세요.

곱셈식 _____

답 _____

❶Tip ■병씩 ▲상자 ➡ ■의 ▲배 ➡ ■ × ▲

4-1 물고기가 어항 한 개에 4마리씩 들어 있습니다. 어항 7개에 들어 있는 물고기는 모두 몇 마리인지 곱셈식으로 나타내고 답을 구해 보세요.

곱셈식 _____

답 _____

4-2 색종이가 5장씩 8묶음 있습니다. 그중 민아가 7장을 사용했다면 남은 색종이는 몇 장인지 구해 보세요.

( )

4-3 초콜릿이 9개씩 2상자 있습니다. 그중 세훈이가 4개를 먹었다면 남은 초콜릿은 몇 개인지 구해 보세요.

( )

6단원

🔗 3회 14번

유형 5 곱의 크기 비교하기

곱의 크기를 비교하여 ○ 안에 >, =, <를 알맞게 써넣으세요.

$$7 \times 3 \bigcirc 5 \times 5$$

❶Tip ■×▲=■+■+……+■
└────▲번────┘

5-1 곱의 크기를 비교하여 ○ 안에 >, =, <를 알맞게 써넣으세요.

$$3 \times 9 \bigcirc 6 \times 7$$

5-2 나타내는 수가 가장 작은 것을 찾아 기호를 써 보세요.

㉠ 4×5　㉡ 3의 6배　㉢ 7×4

(　　　　　　　)

5-3 나타내는 수가 큰 것부터 차례대로 기호를 써 보세요.

㉠ 2씩 8묶음　㉡ 5의 3배　㉢ 9×4

(　　　　　　　)

🔗 2회 16번　🔗 3회 17번

유형 6 곱셈식에서 □의 값 구하기

□ 안에 알맞은 수를 구해 보세요.

$$5 \times \square = 35$$

(　　　　　　　)

❶Tip 5×□는 5를 □번 더한 것이에요.

6-1 □ 안에 알맞은 수를 구해 보세요.

$$\square \times 8 = 32$$

(　　　　　　　)

6-2 □ 안에 알맞은 수가 더 큰 것의 기호를 써 보세요.

㉠ $6 \times \square = 30$　㉡ $\square \times 7 = 28$

(　　　　　　　)

6-3 ㉡에 알맞은 수를 구해 보세요.

$2 \times ㉠ = 14$　$㉠ \times ㉡ = 56$

(　　　　　　　)

유형 7 · 곱이 주어진 곱셈식 만들기

🔗 1회 18번

빈칸에 1부터 9까지의 수를 써넣어 곱이 36인 곱셈식을 만들어 보세요.

⊗ →		
4	9	36
		36
		36

💡Tip 두 수를 곱해서 36이 되는 수를 찾아요.

7-1 빈칸에 1부터 9까지의 수를 써넣어 곱이 16인 곱셈식을 만들어 보세요.

⊗ →		
2	8	16
		16
		16

7-2 빈칸에 1부터 9까지의 수를 써넣어 곱이 18인 곱셈식을 만들어 보세요.

⊗ →		
2	9	18
		18
		18

7-3 곱셈을 이용하여 곱이 12인 두 수를 모두 찾아 ◯로 묶어 보세요.

12	4	3	1	7	6
	9	8	9	5	2

유형 8 · 규칙을 찾아 모양의 수 구하기

🔗 4회 18번

♥ 모양이 규칙적으로 그려진 종이 위에 물감을 쏟았습니다. 종이에 그려진 ♥ 모양은 모두 몇 개인지 구해 보세요.

( )

💡Tip 물감이 쏟아진 부분에도 ♥ 모양이 규칙적으로 그려져 있어요.

8-1 ◆ 모양이 규칙적으로 그려진 포장지 위에 책이 놓여 있습니다. 포장지에 그려진 ◆ 모양은 모두 몇 개인지 구해 보세요.

( )

8-2 ★ 모양이 규칙적으로 그려진 테이블보 위에 쟁반이 놓여 있습니다. 테이블보에 그려진 ★ 모양은 모두 몇 개인지 구해 보세요.

( )

6단원

⚿ 3회 18번

유형 9 **다른 방법으로 묶어 세어 보기**

구슬이 6개씩 묶여 있는 팔찌가 4개 있습니다. 팔찌의 구슬을 풀어 구슬을 8개씩 묶어 다시 팔찌를 만든다면 팔찌는 몇 개가 되는지 구해 보세요.

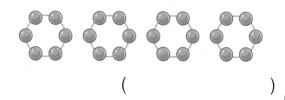

(   )

❶Tip 몇씩 묶는지에 따라 묶음의 수가 달라지는 것에 주의해요.

9 -1 밤이 한 바구니에 8개씩 2바구니에 담겨 있습니다. 이 밤을 한 봉지에 4개씩 담는다면 몇 봉지가 되는지 구해 보세요.

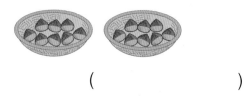

(   )

9 -2 주스가 한 봉지에 3병씩 6봉지 있습니다. 이 주스를 쟁반 한 개에 2병씩 놓는다면 쟁반은 몇 개가 필요한지 구해 보세요.

(   )

9 -3 머리핀이 2개씩 6봉지 있습니다. 이 머리핀을 한 봉지에 3개씩 다시 담는다면 머리핀은 몇 봉지가 되는지 구해 보세요.

(   )

⚿ 2회 18번

유형 10 **곱셈을 2번 해서 해결하기**

동화책이 한 상자에 3권씩 2줄로 들어 있습니다. 6상자에 들어 있는 동화책은 모두 몇 권인지 구해 보세요.

(   )

❶Tip 먼저 한 상자에 들어 있는 동화책의 수를 구해요.

10 -1 주희 동생의 나이는 4살이고, 주희의 나이는 주희 동생 나이의 2배입니다. 주희 어머니의 연세는 주희 나이의 5배일 때, 주희 어머니의 연세는 몇 세인지 구해 보세요.

(   )

10 -2 종이학을 선우는 2개씩 2묶음 접었고, 예나는 선우의 3배만큼 접었습니다. 예나가 접은 종이학은 모두 몇 개인지 구해 보세요.

(   )

10 -3 식빵을 쟁반 한 개에 3개씩 3줄로 놓았습니다. 쟁반 6개에 놓은 식빵은 모두 몇 개인지 구해 보세요.

(   )

유형 11 두 곱의 합(차) 구하기

𝒪 1회 20번 𝒪 4회 20번

노란색 구슬은 한 봉지에 4개씩 8봉지 있고, 파란색 구슬은 한 봉지에 7개씩 6봉지 있습니다. 노란색 구슬과 파란색 구슬은 모두 몇 개인지 구해 보세요.

(   )

❶ Tip (전체 구슬 수)
       =(노란색 구슬 수)+(파란색 구슬 수)

11-1 삼각형 5개와 사각형 6개의 변의 수의 합은 모두 몇 개인지 구해 보세요.

(   )

11-2 세발자전거가 7대, 두발자전거가 5대 있습니다. 세발자전거와 두발자전거의 바퀴 수의 차는 몇 개인지 구해 보세요.

(   )

11-3 붙임딱지를 소윤이는 9장씩 3줄 가지고 있고, 리효는 5장씩 4줄 가지고 있습니다. 소윤이는 리효보다 붙임딱지를 몇 장 더 많이 가지고 있는지 구해 보세요.

(   )

유형 12 곱이 가장 큰(작은) 곱셈식 만들기

𝒪 2회 19번

수 카드 4장 중에서 2장을 골라 카드에 적힌 수를 곱하려고 합니다. 곱이 가장 클 때의 곱을 구해 보세요.

| 2 | 8 | 6 | 3 |

(   )

❶ Tip • 곱이 가장 크려면 가장 큰 수와 두 번째로 큰 수를 곱해요.
      • 곱이 가장 작으려면 가장 작은 수와 두 번째로 작은 수를 곱해요.

12-1 수 카드 4장 중에서 2장을 골라 카드에 적힌 수를 곱하려고 합니다. 곱이 가장 작을 때의 곱을 구해 보세요.

| 4 | 6 | 7 | 2 |

(   )

12-2 두 수의 곱이 가장 크게 되도록 두 수를 골라 곱셈식을 쓰고, 곱을 구해 보세요.

| 9 | 5 | 7 | 4 |

곱셈식 _____

답 _____

6
단원

M E M O

아이와 평생
함께할 습관을
만듭니다.

아이스크림 홈런 2.0
공부를 좋아하는 습관

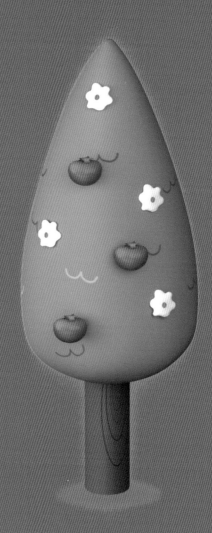

기본을 단단하게
나만의 속도로
무엇보다 재미있게

아이스크림 더 실전

정답 및 풀이

수학 **2·1**

i-Scream edu

정답 및 풀이

6~8쪽 AI가 추천한 단원 평가 **1회**

01 96, 98, 100
02 400, 사백
03 팔백십오
04 296
05 7, 700 / 9, 90 / 6, 6
06 (○) ( )
07 100 / 100
08 ㉡
09
10 ㉢
11 ㉡
12 (○) ( )
13 800원
14 4개
15 풀이 참고, 연필
16 ㉠, ㉡, ㉢
17 102, 111
18 수학
19 예 715, 725
20 풀이 참고, 613

09 10씩 뛰어 세면 십의 자리 숫자가 1씩 커집니다.
따라서 570부터 10씩 뛰어 세면
570 - 580 - 590 - 600 - 610 - 620입니다.

10 백의 자리 수를 알아보면 ㉠ 6̲01 ➡ 600,
㉡ 7̲81 ➡ 700, ㉢ 5̲73 ➡ 500입니다.
500 < 600 < 700이므로 백의 자리 수가 가장
작은 것은 ㉢ 573입니다.

11 ㉠, ㉢ □ 안에 알맞은 수는 100입니다.
㉡ 94보다 5만큼 더 큰 수는 99입니다.

12 구백오십사 ➡ 954, 구백육 ➡ 906
백의 자리 수가 같으므로 십의 자리 수를 비교
하면 954 > 906입니다.

13 100이 8개이면 800입니다. 따라서 민정이가
낸 돈은 800원입니다.

14 50원짜리 동전 1개와 10원짜리 동전 1개가
있으므로 60원이 있습니다. 100은 60보다 40
만큼 더 큰 수입니다. 따라서 10원짜리 동전
이 4개 더 있어야 합니다.

15 예 삼백은 300이므로 연필은 300자루이고,
100이 2개, 10이 9개인 수는 290이므로 볼펜
은 290자루입니다. ❶
따라서 300 > 290이므로 연필이 더 많습니다. ❷

채점 기준	
❶ 연필과 볼펜은 각각 몇 자루인지 구하기	3점
❷ 연필과 볼펜 중 어느 것이 더 많은지 구하기	2점

17
백 모형	1개	1개
십 모형	0개	1개
일 모형	2개	1개
세 자리 수	102	111

18 아래쪽으로 갈수록 100씩 뛰어 센 것입니다.
• 10부터 100씩 뛰어 세었으므로 ㅅ은 210입
니다.
• 30부터 100씩 뛰어 세었으므로 ㅎ은 130입
니다.
• 40부터 100씩 뛰어 세었으므로 ㅏ는 240입
니다.
• 50부터 100씩 뛰어 세었으므로 ㄱ은 150,
ㅜ는 350입니다.

210	350	130	240	150	➡ 수학
ㅅ	ㅜ	ㅎ	ㅏ	ㄱ	

19 백의 자리 숫자가 700을 나타내므로 백의 자
리 숫자는 7입니다. 백의 자리 숫자가 7인 세
자리 수는 7□□이고 십의 자리와 일의 자리
에 남은 수를 한 번씩 놓습니다. 따라서 백의
자리 숫자가 700을 나타내는 세 자리 수는
712, 715, 721, 725, 751, 752입니다.

20 예 어떤 수는 883부터 100씩 거꾸로 3번 뛰
어 센 것과 같습니다. 883부터 100씩 거꾸로
3번 뛰어 세면 883 - 783 - 683 - 583이므로
어떤 수는 583입니다. ❶
따라서 583부터 10씩 3번 뛰어 세면
583 - 593 - 603 - 613이므로 바르게 뛰어 센
수는 613입니다. ❷

채점 기준	
❶ 어떤 수 구하기	3점
❷ 바르게 뛰어 센 수 구하기	2점

정답 및 풀이

01 100, 백　　02 9
03 (　　) (○)
04 378, 478, 578, 678
05 (위에서부터) 8, 2, 6 / 8, 9, 1 / <
06 30　　　　　07 ④
08 (위에서부터) 오백, 700, 팔백
09 10씩　　　　10 658, 육백오십팔
11 ③　　　12 100개　　13 781개
14 빨간색 구슬　　　　15 217
16 풀이 참고, 500개
17 0, 1, 2, 3, 4
18 너, 는, 천, 사
19 풀이 참고, 452　　　20 791

04 100씩 뛰어 세면 백의 자리 숫자가 1씩 커집니다.
따라서 178부터 100씩 뛰어 세면
178-278-378-478-578-678입니다.

05 826과 891의 백의 자리 수가 같으므로 십의 자리 수를 비교하면 826<891입니다.

06 밑줄 친 숫자 3은 십의 자리 숫자이므로 나타내는 값은 30입니다.

09 십의 자리 숫자가 1씩 커지므로 10씩 뛰어 세었습니다.

11 십의 자리 숫자를 알아보면 ① 749 ➡ 4,
② 903 ➡ 0, ③ 196 ➡ 9, ④ 951 ➡ 5,
⑤ 109 ➡ 0입니다.
따라서 십의 자리 숫자가 9인 수는 ③ 196입니다.

12 10이 10개이면 100이므로 수수깡은 모두 100개입니다.

13 100이 7개, 10이 8개, 1이 1개인 수는 781이므로 풀은 모두 781개입니다.

14 621과 520의 백의 자리 수를 비교하면
621>520입니다.
따라서 빨간색 구슬을 더 많이 모았습니다.

15 • 100이 2개이면 200이므로 백의 자리 숫자는 2입니다.
• 십의 자리 숫자가 10을 나타내므로 십의 자리 숫자는 1입니다.
• 917과 일의 자리 숫자가 똑같으므로 일의 자리 숫자는 7입니다.
따라서 민호가 만든 수는 217입니다.

16 예 10이 10개이면 100이므로 10이 50개이면 500입니다.
따라서 50봉지에 들어 있는 사탕은 모두 500개입니다.」❶

채점 기준	
❶ 사탕은 모두 몇 개인지 구하기	5점

17 백의 자리 수가 같으므로 십의 자리를 비교하면 □<5입니다.
□가 5일 경우, 756>751이므로 □ 안에 5는 들어갈 수 없습니다.
따라서 □ 안에 들어갈 수 있는 수는 0, 1, 2, 3, 4입니다.

18

수	102	683	244	537
나타내는 값	100	3	40	30
글자	너	는	천	사

19 예 백의 자리 숫자가 3, 십의 자리 숫자가 5, 일의 자리 숫자가 2인 세 자리 수는 352입니다.」❶
352부터 10씩 뛰어 세면 352-362-372-382-392-402-412-422-432-442-452이므로 352부터 10씩 10번 뛰어 세면 452입니다.」❷

채점 기준	
❶ 주어진 세 자리 수 구하기	2점
❷ 주어진 세 자리 수부터 10씩 10번 뛰어 세기 한 수 구하기	3점

20 어떤 수보다 100만큼 더 큰 수가 901이므로 어떤 수는 901보다 100만큼 더 작은 수인 801입니다.
따라서 801보다 10만큼 더 작은 수는 791입니다.

01 300   02 9, 10 / 100
03 368, 삼백육십팔
04 778, 878, 978
05 111, 141, 151   06 100
07 ·   ·   08 400장   09 ㉡
     >
·   ·
10 준희   11
12 2개   13 6상자   14 호영
15 이   16 2개
17 풀이 참고, ㉠
18 풀이 참고, ㉡, ㉢, ㉠   19 952, 259
20 687, 688, 689

09 ㉠, ㉢, ㉣ 800, ㉡ 700

10 • 연선: 100은 10이 10개인 수입니다.
  • 준희: 100은 90보다 10만큼 더 큰 수입니다.
  • 예솔: 100은 99보다 1만큼 더 큰 수입니다.
  따라서 100을 잘못 설명한 사람은 준희입니다.

11 밑줄 친 숫자 3은 30을 나타냅니다.

12 • 913과 899의 비교
    백의 자리 수부터 비교하면 913>899입니다.
  • 913과 930의 비교
    백의 자리 수가 같으므로 십의 자리 수를 비교
    하면 913<930입니다.
  • 913과 914의 비교
    백의 자리 수, 십의 자리 수가 같으므로 일의
    자리 수를 비교하면 913<914입니다.
  • 913과 907의 비교
    백의 자리 수가 같으므로 십의 자리 수를 비
    교하면 913>907입니다.
  따라서 913보다 큰 수는 930, 914이므로 모두
  2개입니다.

13 600은 100이 6개인 수이므로 6상자를 사야
  합니다.

14 279<288이므로 번호표를 먼저 뽑은 사람은
  호영이입니다.

15 ㉠ 100이 1개이면 100, 10이 11개이면 110,
    1이 4개이면 4이므로 214입니다.
  따라서 214는 이백십사이므로 ☐ 안에 알맞
  은 말은 이입니다.

16 십의 자리 숫자가 10을 나타내므로 십의 자리
  숫자는 1입니다. 십의 자리 숫자가 1인 세 자
  리 수는 ☐1☐이고 백의 자리와 일의 자리에
  남은 수를 한 번씩 놓습니다.
  따라서 십의 자리 숫자가 10을 나타내는 세 자
  리 수는 217, 712로 모두 2개입니다.

17 **예** ㉠ 672부터 10씩 5번 뛰어 세면 672 - 682
    - 692 - 702 - 712 - 722이므로 722입니다.」❶
    ㉡ 718부터 1씩 3번 뛰어 세면 718 - 719 -
    720 - 721이므로 721입니다.」❷
  722와 721의 백의 자리 수, 십의 자리 수가 같
  으므로 일의 자리 수를 비교하면 722>721입
  니다. 따라서 나타내는 수가 더 큰 것은 ㉠입
  니다.」❸

채점 기준	
❶ ㉠이 나타내는 수 구하기	2점
❷ ㉡이 나타내는 수 구하기	2점
❸ 나타내는 수가 더 큰 것 찾기	1점

18 **예** 백의 자리 수부터 비교하면 5☐3이 가장 크
  고, 3☐8이 가장 작습니다. 따라서 큰 수부터
  차례대로 기호를 쓰면 ㉡, ㉢, ㉠입니다.」❶

채점 기준	
❶ 세 수의 크기 비교하기	5점

19 • 가장 큰 수를 만들려면 백의 자리부터 큰 수
    를 차례대로 놓아야 합니다. 9>5>2이므
    로 만들 수 있는 가장 큰 세 자리 수는 952
    입니다.
  • 가장 작은 수를 만들려면 백의 자리부터 작
    은 수를 차례대로 놓아야 합니다. 2<5<9
    이므로 만들 수 있는 가장 작은 세 자리 수는
    259입니다.

20 백의 자리 숫자가 6, 십의 자리 숫자가 8인 세
  자리 수는 68☐입니다. 68☐>686에서 일
  의 자리를 비교하면 ☐>6이므로 ☐ 안에 들
  어갈 수 있는 수는 7, 8, 9입니다.
  따라서 구하는 수는 687, 688, 689입니다.

01 100

02 3, 4, 7, 347, 삼백사십칠

03 711

04 >

05 253, 이백오십삼

06 300, 10, 9   07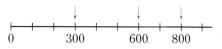

08 729, 629, 529, 429, 329   09 ㉠

10 200, 300, 700, 900

11 800   12 10씩   13 사과

14 5, 2   15 840원   16 하늘

17 ㉡, ㉢   18 7, 8, 9

19 풀이 참고, 534

20 풀이 참고, 389

05 100이 2개이면 200, 10이 5개이면 50, 1이 3개이면 3이므로 모형이 나타내는 수는 253 이고, 이백오십삼이라고 읽습니다.

07 십 모형이 7개이면 70입니다. 100은 70보다 30만큼 더 큰 수이므로 70은 30과 이어야 합니다.

08 100씩 거꾸로 뛰어 세면 백의 자리 숫자가 1씩 작아집니다.

09 숫자 6이 나타내는 값은 ㉠ 600, ㉡ 60, ㉢ 60 입니다. 따라서 숫자 6이 나타내는 값이 다른 하나는 ㉠입니다.

10 0부터 100씩 커지므로 눈금 2칸은 200, 눈금 3칸은 300, 눈금 7칸은 700, 눈금 9칸은 900 입니다.

11 300, 600, 800을 각각 수직선에 나타내어 보면 다음과 같습니다.

```
  ├──┼──┼──┼──┼──┼──┼──┼──┤
  0    300      600    800
```

따라서 600에 더 가까운 수는 800입니다.

12 십의 자리 숫자가 1씩 커졌으므로 10씩 뛰어 센 것입니다.

13 사과는 435개, 배는 500개 있습니다.
백의 자리 수를 비교하면 435<500이므로 더 적은 과일은 사과입니다.

14 ㉠ 10이 19개인 수는 100이 1개, 10이 9개인 수와 같습니다. 따라서 100이 5개, 10이 9개, 1이 1개이므로 나타내는 수는 591이고, 백의 자리 숫자는 5입니다.
㉡ 1이 12개인 수는 10이 1개, 1이 2개인 수와 같습니다. 따라서 100이 2개, 10이 6개, 1이 2개이므로 나타내는 수는 262이고, 백의 자리 숫자는 2입니다.

15 340부터 100씩 5번 뛰어 세면 340 - 440 - 540 - 640 - 740 - 840이므로 840원입니다.

16 백의 자리를 비교하면 1<2<3이므로 187<221<303입니다. 따라서 줄넘기 횟수가 가장 적은 사람은 하늘이입니다.

17 숫자 2가 나타내는 값은 ㉠ 20, ㉡ 200, ㉢ 2 입니다. 따라서 숫자 2가 나타내는 값이 가장 큰 수는 ㉡, 가장 작은 수는 ㉢입니다.

18 도서관을 방문한 학생은 3월이 4월보다 더 많았으므로 51□>516이어야 합니다. 백의 자리 수, 십의 자리 수가 같으므로 일의 자리를 비교하면 □>6입니다. 따라서 □ 안에 들어갈 수 있는 수는 7, 8, 9입니다.

19 예 십의 자리 숫자가 1씩 작아지므로 670부터 10씩 거꾸로 뛰어 센 것입니다. ❶
같은 방법으로 574부터 10씩 거꾸로 뛰어 세면 574 - 564 - 554 - 544 - 534이므로 574부터 10씩 거꾸로 4번 뛰어 센 수는 534입니다. ❷

채점 기준	
❶ 뛰어 센 규칙 구하기	2점
❷ 574부터 10씩 거꾸로 4번 뛰어 센 수 구하기	3점

20 예 백의 자리 수가 300보다 크고 400보다 작으므로 백의 자리 숫자는 3입니다.
십의 자리 숫자가 80을 나타내므로 십의 자리 숫자는 8입니다.
일의 자리 수가 7보다 큰 홀수이므로 일의 자리 숫자는 9입니다. ❶
따라서 조건에 맞는 세 자리 수는 389입니다. ❷

채점 기준	
❶ 백, 십, 일의 자리 숫자 각각 구하기	3점
❷ 조건에 맞는 세 자리 수 구하기	2점

틀린 유형 다시 보기

유형1 1씩	**1**-1 10씩	**1**-2 419
1-3 303, 403, 503	**유형2** 300개	
2-1 500개	**2**-2 ③	**2**-3 400원
유형3 212	**3**-1 644	**3**-2 395
3-3 242	**유형4** ㉠	**4**-1 4월
4-2 우석, 지호, 영주		
유형5 111, 201, 210		
5-1 120, 111, 201, 210		
5-2 201, 102	**유형6** 180	
6-1 4개	**6**-2 6개	
유형7 681, 581, 481		
7-1 469, 468, 467		**7**-2 349
7-3 10씩	**유형8** 7, 8, 9	
8-1 0, 1, 2, 3		**8**-2 8, 9
유형9 270	**9**-1 549	**9**-2 501
9-3 916	**유형10** >	**10**-1 <
10-2 ㉢, ㉡, ㉠		**10**-3 <
유형11 649	**11**-1 204	
11-2 112, 212		
11-3 850, 851, 950, 951	**유형12** 865	
12-1 175	**12**-2 395	
12-3 942, 249		

유형1 일의 자리 숫자가 1씩 커지므로 1씩 뛰어 세었습니다.

1-1 십의 자리 숫자가 10씩 커지므로 10씩 뛰어 세었습니다.

1-2 십의 자리 숫자가 1씩 커지므로 10씩 뛰어 세었습니다.
369부터 10씩 뛰어 세면 369 - 379 - 389 - 399 - 409 - 419입니다.
따라서 ★에 알맞은 수는 419입니다.

1-3 백의 자리 숫자가 1씩 커지므로 100씩 뛰어 세었습니다.
따라서 103부터 100씩 뛰어 세면 103 - 203 - 303 - 403 - 503 - 603입니다.

유형2 10이 10개이면 100이므로 10이 30개이면 300입니다.
따라서 오늘 판매한 귤은 모두 300개입니다.

2-1 10이 10개이면 100이므로 10이 50개이면 500입니다.
따라서 50상자에 들어 있는 쿠키는 모두 500개입니다.

2-2 10이 10개이면 100이므로 10이 60개이면 600입니다.
따라서 60상자에 들어 있는 지우개는 모두 ③ 600개입니다.

2-3 10이 10개이면 100이므로 10이 40개이면 400입니다.
따라서 모두 400원입니다.

유형3 10이 11개인 수는 100이 1개, 10이 1개인 수와 같습니다.
따라서 100이 2개, 10이 1개, 1이 2개이므로 나타내는 수는 212입니다.

3-1 10이 13개인 수는 100이 1개, 10이 3개인 수와 같고, 1이 14개인 수는 10이 1개, 1이 4개인 수와 같습니다.
따라서 100이 6개, 10이 4개, 1이 4개이므로 나타내는 수는 644입니다.

3-2 10이 19개인 수는 100이 1개, 10이 9개인 수와 같습니다.
따라서 100이 3개, 10이 9개, 1이 5개이므로 나타내는 수는 395입니다.

3-3 백 모형이 1개이므로 100, 십 모형이 14개이므로 140, 일 모형이 2개이므로 2입니다.
따라서 수 모형으로 나타낸 수는 242입니다.

유형4 백의 자리부터 비교하면 7 > 6 > 4이므로 가장 큰 수는 ㉠ 758입니다.

4-1 백의 자리 수부터 비교하면 609가 가장 크고, 549와 582의 십의 자리 수를 비교하면 549 < 582이므로 가장 작은 수는 549입니다.
따라서 방문자가 가장 적은 달은 4월입니다.

정답 및 풀이

4-2 백의 자리 수부터 비교하면 209가 가장 크고, 120과 184의 십의 자리 수를 비교하면 120<184이므로 가장 작은 수는 120입니다. 따라서 붙임딱지를 많이 모은 사람부터 차례대로 이름을 쓰면 우석, 지호, 영주입니다.

유형 5

백 모형	2개	2개	1개
십 모형	1개	0개	1개
일 모형	0개	1개	1개
세 자리 수	210	201	111

따라서 수 모형 3개를 사용하여 나타낼 수 있는 세 자리 수는 210, 201, 111입니다.

5-1

백 모형	2개	2개	1개	1개
십 모형	1개	0개	2개	1개
일 모형	0개	1개	0개	1개
세 자리 수	210	201	120	111

따라서 수 모형 3개를 사용하여 나타낼 수 있는 세 자리 수는 210, 201, 120, 111입니다.

5-2

백 모형	3개	2개	2개	1개	1개
십 모형	0개	1개	0개	1개	0개
일 모형	0개	0개	1개	1개	2개
세 자리 수	300	210	201	111	102

수 모형 3개를 사용하여 나타낼 수 있는 세 자리 수는 300, 210, 201, 111, 102입니다. 따라서 수 모형 3개를 사용하여 나타낼 수 있는 세 자리 수는 201, 102입니다.

유형 6 십의 자리 숫자가 80을 나타내므로 십의 자리 숫자는 8입니다.

십의 자리 숫자가 8인 세 자리 수는 □8□이고 백의 자리와 일의 자리에 남은 수를 한 번씩 놓습니다. 이때 백의 자리에 0을 놓을 수 없습니다.

따라서 십의 자리 숫자가 80을 나타내는 세 자리 수는 180입니다.

6-1 • 백의 자리 숫자가 7인 세 자리 수는 7□□이고 십의 자리와 일의 자리에 남은 수를 한 번씩 놓으면 백의 자리 숫자가 7인 세 자리 수는 760, 706입니다.

• 백의 자리 숫자가 6인 세 자리 수는 6□□이고 십의 자리와 일의 자리에 남은 수를 한 번씩 놓으면 백의 자리 숫자가 6인 세 자리 수는 670, 607입니다.

따라서 만들 수 있는 세 자리 수는 760, 706, 670, 607이므로 모두 4개입니다.

참고 세 자리 수를 만들 때 0은 백의 자리에 올 수 없습니다.

6-2 백의 자리 숫자가 5인 세 자리 수는 5□□이고 십의 자리와 일의 자리에 남은 수를 한 번씩 놓습니다.

따라서 백의 자리 숫자가 5인 세 자리 수는 512, 518, 521, 528, 581, 582이므로 모두 6개입니다.

유형 7 981부터 100씩 거꾸로 뛰어 세면 백의 자리 숫자가 1씩 작아지므로 981 - 881 - 781 - 681 - 581 - 481입니다.

7-1 472부터 1씩 거꾸로 뛰어 세면 일의 자리 숫자가 1씩 작아지므로 472 - 471 - 470 - 469 - 468 - 467입니다.

7-2 389부터 10씩 거꾸로 뛰어 세면 십의 자리 숫자가 1씩 작아지므로 389 - 379 - 369 - 359 - 349 - 339입니다.

따라서 ◆에 알맞은 수는 349입니다.

7-3 십의 자리 숫자가 1씩 작아지므로 10씩 거꾸로 뛰어 세었습니다.

유형 8 백의 자리 수가 같으므로 십의 자리를 비교하면 6<□입니다.

□가 6일 경우, 867>864이므로 □ 안에 6은 들어갈 수 없습니다.

따라서 □ 안에 들어갈 수 있는 수는 7, 8, 9입니다.

8-1 백의 자리 수가 같으므로 십의 자리를 비교하면 4>□입니다.

□가 4일 경우, 540<541이므로 □ 안에 4는 들어갈 수 없습니다.

따라서 □ 안에 들어갈 수 있는 수는 0, 1, 2, 3입니다.

8-2 • 백의 자리 수가 같으므로 십의 자리를 비교하면 □>5입니다.

□가 5일 경우, 753>752이므로 □ 안에 5도 들어갈 수 있습니다.

□ 안에 들어갈 수 있는 수는 5, 6, 7, 8, 9입니다.

• 백의 자리 수, 십의 자리 수가 같으므로 일의 자리를 비교하면 7<□입니다.

□가 7일 경우, 497=497이므로 □ 안에 7은 들어갈 수 없습니다.

□ 안에 들어갈 수 있는 수는 8, 9입니다.

따라서 □ 안에 공통으로 들어갈 수 있는 수는 8, 9입니다.

유형 9 220 – 230 – 240 – 250 – 260 – 270이므로 220부터 10씩 5번 뛰어 세면 270입니다.

9-1 149 – 249 – 349 – 449 – 549이므로 149부터 100씩 4번 뛰어 센 수는 549입니다.

9-2 471 – 481 – 491 – 501이므로 471부터 10씩 3번 뛰어 센 수는 501입니다.

9-3 100이 7개, 10이 1개, 1이 6개인 수는 716입니다. 716 – 816 – 916이므로 716부터 100씩 2번 뛰어 센 수는 916입니다.

유형 10 백의 자리를 비교하면 7>6이므로 72▮>68▮입니다.

10-1 백의 자리 수가 같으므로 십의 자리를 비교하면 5<6이므로 55▮<56▮입니다.

10-2 백의 자리를 비교하면 3▮7이 가장 크고, 1▮9가 가장 작습니다. 따라서 큰 수부터 차례대로 기호를 쓰면 ©, ©, ©입니다.

10-3 백의 자리 수, 십의 자리 수가 같으므로 일의 자리를 비교하면 2▮0<2▮4입니다.

유형 11 백의 자리 숫자가 6, 십의 자리 숫자가 4인 세 자리 수를 64□라고 하면 □ 안에 들어갈 수 있는 가장 큰 수는 9입니다.

따라서 가장 큰 세 자리 수는 649입니다.

11-1 백의 자리 숫자가 2, 일의 자리 숫자가 4인 세 자리 수를 2□4라고 하면 □ 안에 들어갈 수 있는 가장 작은 수는 0입니다.

따라서 가장 작은 세 자리 수는 204입니다.

11-2 십의 자리 숫자가 1, 일의 자리 숫자가 2인 세 자리 수를 □12라고 하면 □ 안에 1, 2가 들어갈 수 있습니다.

따라서 312보다 작은 수는 112, 212입니다.

11-3 • 800보다 큰 수이므로 백의 자리 숫자는 8, 9입니다.

• 십의 자리 숫자는 오십(50)을 나타내므로 십의 자리 숫자는 5입니다.

• 일의 자리 수는 2보다 작으므로 0, 1입니다.

따라서 조건에 맞는 세 자리 수를 모두 구하면 850, 851, 950, 951입니다.

유형 12 8>6>5이므로 만들 수 있는 가장 큰 세 자리 수는 865입니다.

12-1 십의 자리 숫자가 7인 세 자리 수는 □7□이고 1<5이므로 십의 자리 숫자가 7인 가장 작은 세 자리 수는 175입니다.

12-2 백의 자리 숫자가 3인 세 자리 수는 3□□이고 9>5이므로 백의 자리 숫자가 3인 가장 큰 세 자리 수는 395입니다.

12-3 9>4>2이므로 만들 수 있는 가장 큰 세 자리 수는 942이고, 가장 작은 세 자리 수는 249입니다.

2단원 여러 가지 도형

26~28쪽 **AI가 추천한 단원 평가 1회**

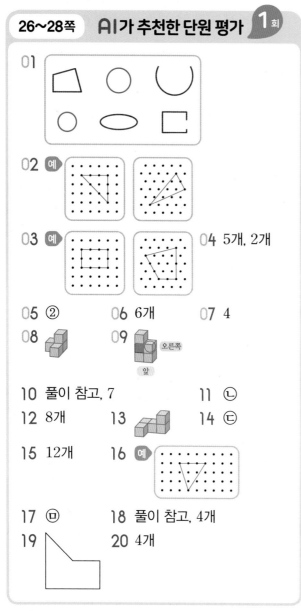

01

02 예

03 예 04 5개, 2개

05 ②   06 6개   07 4

08   09

10 풀이 참고, 7   11 ㉡

12 8개   13   14 ㉢

15 12개   16 예

17 ㉤   18 풀이 참고, 4개

19   20 4개

07 사각형은 변이 4개, 꼭짓점이 4개입니다.

10 예 삼각형을 찾으면 6, 1입니다.❶
따라서 삼각형 안에 있는 수들의 합은
6+1=7입니다.❷

채점 기준	
❶ 삼각형 찾기	4점
❷ 삼각형 안에 있는 수들의 합 구하기	1점

11 ㉡ 원은 곧은 선이 없고 굽은 선으로 되어 있습니다.

12 1개 2개 3개 4개 5개 6개 7개 8개 → 원은 모두 8개입니다.

13 4개, 4개, 5개

14 ㉠ 변이 삼각형은 3개, 사각형은 4개입니다.
㉡ 꼭짓점이 삼각형은 3개, 사각형은 4개입니다.
㉣ 삼각형과 사각형은 곧은 선으로 되어 있습니다.

15 선을 따라 자르면 삼각형이 4개 생깁니다.
따라서 삼각형의 변의 수의 합은
3+3+3+3=12(개)입니다.

16 변이 3개, 꼭짓점이 3개인 도형은 삼각형입니다. 꼭짓점이 될 3개의 점을 곧은 선으로 이어 안쪽에 점이 3개 있도록 삼각형을 그립니다.

17 설명에 맞게 쌓기나무를 쌓으면 오른쪽과 같습니다.
따라서 쌓기나무를 1개 더 놓아야 하는 곳은 ㉤입니다.

18 예 쌓기나무 4개가 옆으로 나란히 있고, 맨 왼쪽 쌓기나무의 위와 왼쪽에서 두 번째 쌓기나무의 뒤에 쌓기나무가 1개씩 있습니다. 따라서 모양을 만드는 데 사용한 쌓기나무는 6개입니다.❶
쌓기나무 10개를 가지고 있었으므로 모양을 만들고 남은 쌓기나무는 10-6=4(개)입니다.❷

채점 기준	
❶ 모양을 만드는 데 사용한 쌓기나무는 몇 개인지 구하기	3점
❷ 모양을 만들고 남은 쌓기나무는 몇 개인지 구하기	2점

19

20

따라서 만들 수 있는 서로 다른 사각형은 모두 4개입니다.

01 오성	02	03 ㉠, ㉢

04 (왼쪽에서부터) 변, 꼭짓점 / 4, 4

05  앞   06 예 (그림)

07 2개	08 3개	09 ②, ⑤
10 ㉡	11 ㉠, ㉡, ㉢	
12 ㉢	13 앞, 왼쪽	14 ③, ⑤
15 사각형	16 ㉢	17 풀이 참고
18 12개	19 풀이 참고, 13개	
20 보라색		

01 쌓기나무를 반듯하게 맞추어 쌓아야 더 높이 쌓을 수 있습니다.

03 삼각형은 곧은 선 3개로 둘러싸인 도형이므로 ㉠, ㉢입니다.

04 변: 곧은 선
꼭짓점: 곧은 선 2개가 만나는 점

06 사각형은 곧은 선 4개로 둘러싸인 도형이므로 곧은 선 4개가 되도록 사각형을 완성합니다.

07 원은 길쭉하거나 찌그러진 곳 없이 어느 쪽에서 보아도 똑같이 동그란 모양입니다.

08 칠교 조각 중 삼각형은 5개, 사각형은 2개이므로 삼각형은 사각형보다 5-2=3(개) 더 많습니다.

09 ② 원은 뾰족한 부분이 없습니다.
③ 원은 곧은 선이 없고 굽은 선으로만 되어 있습니다.
④ 모든 원이 크기가 같은 것은 아닙니다.

10 ㉡ 쌓기나무 6개로 만든 모양입니다.

11 ㉠ 4개, ㉡ 3개, ㉢ 0개

12 ㉢ (그림) 사각형

14 삼각형 모양 조각 ③, ⑤로 ⑥과 같은 (그림) ③⑤ 모양을 만들 수 있습니다.

15 두 곧은 선이 만나는 점은 꼭짓점입니다.
곧은 선 4개를 이용하여 그릴 수 있고, 꼭짓점이 4개인 도형은 사각형입니다.

16 • 삼각형 밖에 사각형이 있습니다. ➡ ㉠, ㉢
• 원 안에 사각형이 있습니다. ➡ ㉡, ㉢
따라서 **조건**에 알맞은 모양은 ㉢입니다.

17 예 쌓기나무 3개가 옆으로 나란히 있습니다. 가운데 쌓기나무의 위에 쌓기나무가 1개 있습니다.」❶

채점 기준	
❶ 잘못된 부분을 찾아 바르게 고치기	5점

18 (그림)
③④⑤⑥
②
①

• 삼각형 1개짜리: ①, ②, ③, ④, ⑤, ⑥
➡ 6개
• 삼각형 2개짜리: ①+②, ②+③, ④+⑤, ⑤+⑥ ➡ 4개
• 삼각형 3개짜리: ①+②+③, ④+⑤+⑥ ➡ 2개
따라서 찾을 수 있는 크고 작은 삼각형은 모두 6+4+2=12(개)입니다.

19 예 쌓기나무 3개가 옆으로 나란히 있습니다. 맨 왼쪽 쌓기나무의 위에, 가운데 쌓기나무의 뒤에, 맨 오른쪽 쌓기나무의 앞에 쌓기나무가 1개씩 있습니다. 따라서 모양을 만드는 데 사용한 쌓기나무는 3+1+1+1=6(개)입니다.」❶
모양을 만들고 남은 쌓기나무가 7개이므로 처음에 가지고 있던 쌓기나무는 6+7=13(개)였습니다.」❷

채점 기준	
❶ 모양을 만드는 데 사용한 쌓기나무는 몇 개인지 구하기	3점
❷ 처음에 가지고 있던 쌓기나무는 몇 개였는지 구하기	2점

20 ㉠(그림)㉡ 오른쪽 앞
• 빨간색 쌓기나무의 뒤쪽 ㉢ 쌓기나무는 노란색입니다.
• 노란색 쌓기나무의 위쪽 ㉡ 쌓기나무는 파란색입니다.
• 파란색 쌓기나무의 왼쪽 ㉠ 쌓기나무는 보라색입니다.

정답 및 풀이

01 사각형　　02 ④　　03 4개
04 5개　　　05 　　06 ⑥
07 풀이 참고　08 사각형　09 3개, 2개
10 ㉢　　　　11 대형, 연아　12 ㉡
13 풀이 참고, 사각형　　14 6개
15 9개　　　16 4개
17 ⑤ / ③, ⑤ / ⑦　　18 ㉠, ㉢
19 (×)
　　(×)
　　(○)
20 ㉠, ㉢

02 원은 길쭉하거나 찌그러진 곳 없이 어느 쪽에서 보아도 똑같이 동그란 모양입니다.

05 삼각형에서 두 곧은 선이 만나는 점을 모두 찾아 ○표 합니다.

06

07 예 원이 아닙니다. ❶
원은 길쭉하거나 찌그러진 곳 없이 어느 쪽에서 보아도 똑같이 동그란 모양이어야 하는데 주어진 도형은 길쭉한 모양입니다. ❷

채점 기준	
❶ 원인지 아닌지 쓰기	2점
❷ 원이 아닌 이유 쓰기	3점

09
사각형
삼각형

따라서 모양을 만드는 데 이용한 삼각형은 3개, 사각형은 2개입니다.

10 ㉢ 칠교 조각 중 가장 작은 조각은 삼각형입니다.

11 • 지혜: 동그란 모양은 원입니다.
• 태균: 삼각형은 변이 3개입니다.

12 ㉡ 변과 꼭짓점의 개수가 삼각형은 각각 3개, 사각형은 각각 4개입니다.

13 예 그림에서 사용한 도형의 개수는 각각 삼각형은 3개, 사각형은 5개, 원은 4개입니다. ❶
따라서 가장 많이 사용한 도형은 사각형입니다. ❷

채점 기준	
❶ 그림에서 사용한 도형의 개수 각각 구하기	3점
❷ 가장 많이 사용한 도형 구하기	2점

14 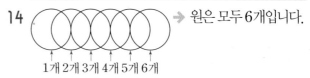 → 원은 모두 6개입니다.
1개 2개 3개 4개 5개 6개

15 쌓기나무 3개가 옆으로 나란히 있고, 맨 왼쪽과 맨 오른쪽 쌓기나무의 위에 쌓기나무가 1개씩 있습니다.
(모양을 만드는 데 사용한 쌓기나무의 개수)
$=3+1+1=5$(개)
➡ (처음에 가지고 있던 쌓기나무의 개수)
$=5+4=9$(개)

16 세 점을 곧은 선으로 이어 그린 후, 그린 삼각형의 변을 따라 자르면 다음과 같이 삼각형이 4개 만들어집니다.

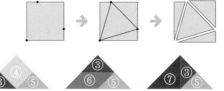

17

18 초록색 쌓기나무가 1개 있고, 초록색 쌓기나무의 왼쪽과 위에 쌓기나무가 1개씩 있으므로 필요한 명령어는 ㉠, ㉢입니다.

19 • 쌓기나무 5개로 만든 모양입니다.
• 왼쪽 쌓기나무의 위에 쌓기나무가 1개, 오른쪽 쌓기나무의 뒤에 쌓기나무가 2개 있습니다.

20 ㉠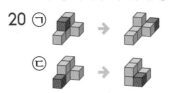
㉢

• 보기의 모양은 쌓기나무 6개로 만든 모양이고 ㉡은 쌓기나무 5개로 만든 모양입니다.
• ㉢은 보기와 똑같은 모양입니다.

10

01 (○) ( )
02 (왼쪽에서부터) 꼭짓점, 변 03 2개
04 ㉡, ㉽ 05  06 ...
07 ㉡ 08 ( ) (○)
09 ㉢ 10 풀이 참고, 7개
11 13 12 리아 13 위
14 삼각형 15 ( ) (○)
16 예 ... 17 ...
18 예 ...
19 풀이 참고, 18개
20 ( ) ( )
(○) ( )

03 삼각형은 ㉠, ㉢으로 모두 2개입니다.

04 꼭짓점이 4개인 사각형은 ㉡, ㉽입니다.

07 ㉡ 길쭉한 모양이므로 원이 아닙니다.

10 예 꼭짓점의 개수가 원은 0개, 삼각형은 3개, 사각형은 4개입니다.」❶
따라서 꼭짓점의 개수의 합은 0+3+4=7(개)입니다.」❷

채점 기준	
❶ 도형의 꼭짓점의 개수 각각 구하기	3점
❷ 꼭짓점의 개수의 합 구하기	2점

11 원을 찾으면 ⑥, ⑦입니다.
따라서 원 안에 있는 수들의 합은 6+7=13입니다.

12 • 지수: 칠교 조각 중 가장 큰 조각은 삼각형입니다.
• 백호: 칠교 조각 중 삼각형이 사각형보다 3개 더 많습니다.

14 곧은 선으로 되어 있으므로 변의 수와 꼭짓점의 수가 같습니다.
변의 수와 꼭짓점의 수의 합이 6이므로 변과 꼭짓점은 각각 3개입니다.
따라서 예준이가 설명하는 도형은 삼각형입니다.

15 왼쪽 모양은 쌓기나무 3개가 옆으로 나란히 있고, 가운데 쌓기나무의 위에 쌓기나무가 2개 있습니다.

16 노란색 사각형 조각을 먼저 놓고 나머지 조각을 놓습니다.

17 ...
왼쪽 모양에는 ㉢ 쌓기나무가 있고 오른쪽 모양에는 ㉠ 위에 쌓기나무가 1개 있습니다. 따라서 ㉢을 ㉠ 위로 옮겨야 합니다.

18 꼭짓점이 될 4개의 점을 곧은 선으로 이어 안쪽에 점이 6개 있도록 사각형을 그립니다.

19 예 ...
삼각형 1개짜리는 ①, ②, ③, ④, ⑤, ⑥, ⑦, ⑧로 8개입니다.
삼각형 2개짜리는 ①+②, ②+③, ③+④, ④+①, ⑤+⑥, ⑥+⑦, ⑦+⑧, ⑧+⑤로 8개입니다.
삼각형 4개짜리는 ②+③+⑤+⑥, ④+③+⑤+⑧로 2개입니다.」❶
따라서 찾을 수 있는 크고 작은 삼각형은 모두 8+8+2=18(개)입니다.」❷

채점 기준	
❶ 각각의 삼각형의 개수 구하기	3점
❷ 찾을 수 있는 크고 작은 삼각형은 모두 몇 개인지 구하기	2점

20 • 빨간색 쌓기나무의 뒤에 노란색 쌓기나무

• 초록색 쌓기나무의 오른쪽에 파란색 쌓기나무

정답 및 풀이

틀린 유형 다시 보기

유형 **1** 사각형　**1**-1 사각형, 원

1-2 21개　유형 **2** 삼각형　**2**-1 원

2-2 사각형　유형 **3** 6개, 4개

3-1 삼각형, 12개

3-2 삼각형, 3개

유형 **4** 　**4**-1 　**4**-2 ㉢

유형 **5** 예 쌓기나무 3개가 옆으로 나란히 있습니다. 가운데 쌓기나무의 뒤에 쌓기나무가 1개 있습니다.

5-1 예 쌓기나무 3개가 옆으로 나란히 있습니다. 맨 왼쪽과 맨 오른쪽 쌓기나무의 위에 쌓기나무가 1개씩 있습니다.

유형 **6** 예

6-1 예

6-2 예

유형 **7** 6개　**7**-1 15개　**7**-2 ⑤

유형 **8** 3개　**8**-1 3개　**8**-2 5개

유형 **9** 15개　**9**-1 9개　**9**-2 13개

유형 **10** (　)(×)　**10**-1 ㉣

10-2 ㉢　유형 **11** 파란색

11-1 파란색, 보라색, 분홍색　**11**-2 보라색

유형 **1** 그림에서 사용한 도형의 개수는 각각 삼각형은 1개, 사각형은 10개, 원은 6개입니다. 따라서 가장 많이 사용한 도형은 사각형입니다.

주의 각 도형의 개수를 셀 때 빠뜨리거나 두 번 세지 않도록 ✓, ×, ○ 등의 표시를 하며 셉니다.

1-1 그림에서 사용한 도형의 개수는 각각 삼각형은 7개, 사각형은 10개, 원은 5개입니다. 따라서 가장 많이 사용한 도형은 사각형이고, 가장 적게 사용한 도형은 원입니다.

1-2 그림에서 사용한 도형의 개수는 각각 삼각형은 18개, 사각형은 27개, 원은 6개입니다. 따라서 가장 많이 사용한 도형은 가장 적게 사용한 도형보다 $27-6=21$(개) 더 많습니다.

유형 **2** 곧은 선으로만 되어 있고 꼭짓점이 3개인 도형은 삼각형입니다.

2-1 뾰족한 부분이 없고, 크기는 달라도 모양이 모두 같으며 굽은 선으로만 되어 있는 도형은 원입니다.

2-2 곧은 선으로 되어 있으므로 변의 수와 꼭짓점의 수가 같습니다.
변의 수와 꼭짓점의 수의 합이 8이므로 변과 꼭짓점은 각각 4개입니다.
따라서 영은이가 설명하는 도형은 사각형입니다.

유형 **3**

선을 따라 자르면 삼각형이 6개, 사각형이 4개 생깁니다.

3-1

선을 따라 자르면 삼각형이 12개 생깁니다.

3-2

선을 따라 자르면 삼각형이 7개, 사각형이 4개 생깁니다. 따라서 삼각형이
$7-4=3$(개) 더 많이 생깁니다.

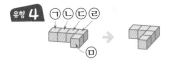

왼쪽 모양에는 ㉠ 쌓기나무가 있고 오른쪽 모양에는 ㉤ 앞에 쌓기나무가 1개 있습니다. 따라서 ㉠을 ㉤ 앞으로 옮겨야 합니다.

4-1

왼쪽 모양에는 ㉠ 쌓기나무가 있고 오른쪽 모양에는 ㉣ 위에 쌓기나무가 1개 있습니다. 따라서 ㉠을 ㉣ 위로 옮겨야 합니다.

4-2

왼쪽 모양에는 ㉡ 쌓기나무가 있고 오른쪽 모양에는 ㉢ 위에 쌓기나무가 1개 있습니다. 따라서 ㉡을 ㉢ 위로 옮겨야 합니다.

유형 6 꼭짓점이 될 3개의 점을 곧은 선으로 이어 안쪽에 점이 3개 있도록 삼각형을 그립니다.
참고 안쪽에 들어갈 점을 생각해 본 다음 점이 모두 들어가도록 곧은 선을 그어 삼각형을 그립니다. 이때 자를 사용하여 곧은 선을 긋도록 합니다.

6-1 꼭짓점이 될 4개의 점을 곧은 선으로 이어 안쪽에 점이 2개 있도록 사각형을 그립니다.

6-2 삼각형보다 변이 1개 더 많은 도형은 사각형입니다. 꼭짓점이 될 4개의 점을 곧은 선으로 이어 안쪽에 점이 5개 있도록 사각형을 그립니다.

유형 7

- 사각형 1개짜리: ①, ②, ③ → 3개
- 사각형 2개짜리: ①+②, ②+③ → 2개
- 사각형 3개짜리: ①+②+③ → 1개
따라서 찾을 수 있는 크고 작은 사각형은 모두 3+2+1=6(개)입니다.

7-1

- 삼각형 2개짜리: ①+②, ②+③, ③+④, ④+⑤, ⑤+⑥ → 5개
- 삼각형 3개짜리: ①+②+③, ②+③+④, ③+④+⑤, ④+⑤+⑥ → 4개
- 삼각형 4개짜리: ①+②+③+④, ②+③+④+⑤, ③+④+⑤+⑥ → 3개
- 삼각형 5개짜리: ①+②+③+④+⑤, ②+③+④+⑤+⑥ → 2개
- 삼각형 6개짜리: ①+②+③+④+⑤+⑥ → 1개
따라서 찾을 수 있는 크고 작은 삼각형은 모두 5+4+3+2+1=15(개)입니다.

7-2

- 삼각형 1개짜리: ①, ②, ③ → 3개
- 삼각형 2개짜리: ①+②, ②+③, ①+④, ②+⑤, ③+⑥ → 5개
- 삼각형 3개짜리: ①+②+③ → 1개
- 삼각형 4개짜리: ①+②+④+⑤, ②+③+⑤+⑥ → 2개
- 삼각형 6개짜리: ①+②+③+④+⑤+⑥ → 1개
따라서 찾을 수 있는 크고 작은 삼각형은 모두 3+5+1+2+1=12(개)입니다.

유형 8 쌓기나무 3개가 옆으로 나란히 있고, 맨 왼쪽 쌓기나무의 앞과 맨 오른쪽 쌓기나무의 위에 쌓기나무가 1개씩 있습니다. 만드는 데 사용한 쌓기나무는 3+1+1=5(개)입니다.
→ (남은 쌓기나무의 개수)=8-5=3(개)

8-1 쌓기나무 3개가 옆으로 나란히 있고, 가운데 쌓기나무의 앞과 위에 쌓기나무가 1개씩 있습니다. 만드는 데 사용한 쌓기나무는 3+1+1=5(개)입니다.
→ (남은 쌓기나무의 개수)=8-5=3(개)

13

8-2 • 왼쪽 모양

쌓기나무 3개가 옆으로 나란히 있고, 가운데 쌓기나무의 앞과 위, 맨 오른쪽 쌓기나무의 앞에 쌓기나무가 1개씩 있습니다.

(만드는 데 사용한 쌓기나무의 개수)
$= 3+1+1+1 = 6$(개)

• 오른쪽 모양

쌓기나무 2개가 옆으로 나란히 있고, 왼쪽 쌓기나무의 위, 오른쪽 쌓기나무의 앞에 쌓기나무가 1개씩 있습니다.

(만드는 데 사용한 쌓기나무의 개수)
$= 2+1+1 = 4$(개)

➜ (남은 쌓기나무의 개수)
$= 15-6-4 = 5$(개)

유형 9 쌓기나무 1개가 있고, 그것의 앞, 뒤, 오른쪽에 쌓기나무가 1개씩 있습니다. 그리고 맨 뒤 쌓기나무의 위에 쌓기나무가 1개 더 있습니다.

(만드는 데 사용한 쌓기나무의 개수)
$= 1+1+1+1+1 = 5$(개)

➜ (처음에 가지고 있던 쌓기나무의 개수)
$= 5+10 = 15$(개)

9-1 쌓기나무 4개가 옆으로 나란히 있고, 오른쪽에서 두 번째 쌓기나무의 위에 쌓기나무가 1개 있습니다.

(만드는 데 사용한 쌓기나무의 개수)
$= 4+1 = 5$(개)

➜ (처음에 가지고 있던 쌓기나무의 개수)
$= 5+4 = 9$(개)

9-2 • 왼쪽 모양

쌓기나무 4개가 옆으로 나란히 있고, 왼쪽에서 두 번째, 세 번째 쌓기나무의 앞에 쌓기나무가 1개씩 있습니다.

(만드는 데 사용한 쌓기나무의 개수)
$= 4+1+1 = 6$(개)

• 오른쪽 모양

쌓기나무 2개가 옆으로 나란히 있습니다. 왼쪽 쌓기나무의 앞, 위, 뒤에 쌓기나무가 1개씩 있고, 오른쪽 쌓기나무의 앞에 쌓기나무가 1개 있습니다.

(만드는 데 사용한 쌓기나무의 개수)
$= 2+1+1+1+1 = 6$(개)

➜ (처음에 가지고 있던 쌓기나무의 개수)
$= 6+6+1 = 13$(개)

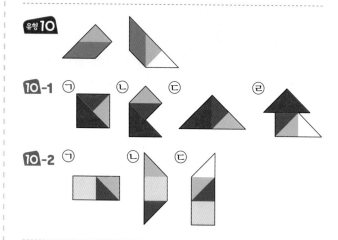

유형 11 • 빨간색 쌓기나무의 오른쪽 ㉡ 쌓기나무는 노란색입니다.

• 빨간색 쌓기나무의 위쪽 ㉠ 쌓기나무는 파란색입니다.

11-1 • 빨간색 쌓기나무의 오른쪽 ㉢ 쌓기나무는 분홍색입니다.

• 초록색 쌓기나무의 아래쪽 ㉠ 쌓기나무는 파란색입니다.

• 파란색 쌓기나무의 오른쪽 ㉡ 쌓기나무는 보라색입니다.

11-2 • 파란색 쌓기나무의 오른쪽 ㉣ 쌓기나무는 초록색입니다.

• 초록색 쌓기나무의 오른쪽 ㉤ 쌓기나무는 노란색입니다.

• 초록색 쌓기나무의 위쪽 ㉡ 쌓기나무는 빨간색입니다.

• 빨간색 쌓기나무의 오른쪽 ㉢ 쌓기나무는 분홍색입니다.

• 분홍색 쌓기나무의 위쪽 ㉠ 쌓기나무는 보라색입니다.

덧셈과 뺄셈

AI가 추천한 단원 평가

01 32 02 53 03 12

04 27 / 62, 35 / 62, 35, 27 05 175

06 29 07 9, 23 / 9, 14, 23

08 예 $12-\square=6$, 6

09

| 82−65 | 75−57 | 44−29 |

10 ⨯(선 잇기) 11 17, 36, 19 12 32마리

13 9살 14 풀이 참고, 22명

15 14 16 55, 7

17 풀이 참고, 27회 18 7, 7

19 100 20 ＋, −

10 · $16+\square=25$에서 $\square=25-16=9$입니다.
· $\square+9=32$에서 $\square=32-9=23$입니다.
· $52-\square=29$에서 $\square=52-29=23$입니다.
· $91-\square=82$에서 $\square=91-82=9$입니다.

11 $90-73=17$, $50-14=36$, $36-17=19$

12 (동물원에 있는 사자 수)
$=$(암사자의 수)$+$(수사자의 수)
$=28+4=32$(마리)

13 (민정이의 나이)
$=$(이모의 나이)-31
$=40-31=9$(살)

14 예 지금 버스에 타고 있는 사람 수는 처음 버스에 타고 있던 사람 수에서 이번 정류장에서 내린 사람 수를 뺀 뒤 이번 정류장에서 탄 사람 수를 더하여 구합니다.」❶
따라서 지금 버스에 타고 있는 사람은
$28-9+3=19+3=22$(명)입니다.」❷

채점 기준	
❶ 지금 버스에 타고 있는 사람 수 구하는 방법 알기	3점
❷ 지금 버스에 타고 있는 사람 수 구하기	2점

15 (전기 코드 뽑기를 실천하지 못한 날수)
$=$(전체 날수)
$-$(전기 코드 뽑기를 실천한 날수)
$=31-17=14$(일)

16 합이 62이므로 일의 자리 수끼리의 합이 2 또는 12인 경우를 찾습니다.
$47+5=52(\times)$, $55+7=62(\bigcirc)$

17 예 $63>54>45>36$이므로 줄넘기 횟수가 가장 많은 사람은 하준이로 63회이고, 가장 적은 사람은 연아로 36회입니다.」❶
따라서 하준이와 연아의 줄넘기 횟수의 차는
$63-36=27$(회)입니다.」❷

채점 기준	
❶ 줄넘기 횟수가 가장 많은 사람과 가장 적은 사람 구하기	2점
❷ 줄넘기 횟수가 가장 많은 사람과 가장 적은 사람의 횟수의 차 구하기	3점

18 · 일의 자리 계산:
$8+\bigcirc=5$가 될 수 없으므로
$8+\bigcirc=15$ ➡ $\bigcirc=15-8=7$
· 십의 자리 계산:
$1+\bigcirc+3=11$ ➡ $\bigcirc=11-1-3=7$

19 만들 수 있는 가장 큰 두 자리 수는 87이고, 가장 작은 두 자리 수는 13이므로 두 수의 합은 $87+13=100$입니다.
참고 가장 큰 두 자리 수는 십의 자리부터 큰 수를 놓고, 가장 작은 두 자리 수는 십의 자리부터 작은 수를 놓습니다.

20 계산 결과가 35보다 작아졌으므로 ◯ 안에 모두 ＋가 들어갈 수는 없습니다.
첫 번째 ◯ 안에 ＋를 넣어 두 수를 먼저 계산해 보면 $35+7=42$입니다.
$42 ◯ 24=18$이 되도록 하려면 두 번째 ◯ 안에는 −를 넣어야 합니다.
➡ $35+7-24=18$
참고 $35-7+24=28+24=52$,
$35-7-24=28-24=4$

15

정답 및 풀이

01 예

02 5, 18   **03** 112   **04** 39

05 (왼쪽에서부터) 32, 46, 46   **06** =

07 $9+27=36$(또는 $27+9=36$),
$36-9=27$(또는 $36-27=9$)

08 예 $12+\square=24$, 12

09

10 풀이 참고

11 7, 48(또는 48, 7)   **12** 43마리

13 90쪽   **14** 13권

15 예 $49+\square=88$, 39

16 예 $31-8=23$ / $8+23=31$, $23+8=31$

17 예 27, 9 / 36개   **18** 수학사랑

19 풀이 참고, 27, 28, 29

20 44, 19 / 63

03
$$\begin{array}{r} {\scriptstyle 1\ \ 1}\\ 6\ \ 4\\ +\ \ 4\ \ 8\\ \hline 1\ \ 1\ \ 2 \end{array}$$

04
$$\begin{array}{r} {\scriptstyle 4\ \ 10}\\ \not5\ \ 0\\ -\ \ 1\ \ 1\\ \hline 3\ \ 9 \end{array}$$

06 $86+8=94$, $91+3=94$ ➡ $86+8=91+3$

08 쿠키 12개를 굽고 몇 개를 더 구웠더니 24개
가 되었으므로 덧셈식으로 나타내면
$12+\square=24$입니다. ➡ $\square=24-12=12$

09 $37+75=\cancel{112}$, $44+72=\cancel{116}$,
$82+29=\cancel{111}$, $66+45=\cancel{111}$,
$94+18=\cancel{112}$, $28+88=\cancel{116}$

10 예 십의 자리 계산에서 받아내림한 수를 빼지
않고 계산하여 잘못되었습니다.」❶
$$\begin{array}{r} {\scriptstyle 2\ \ 10}\\ \not3\ \ 1\\ -\ \ 2\ \ 7\\ \hline 4 \end{array}$$」❷

채점 기준	
❶ 계산이 잘못된 이유 쓰기	2점
❷ 바르게 계산하기	3점

---

11 합이 55이므로 일의 자리 수끼리의 합이 5 또
는 15인 경우를 찾습니다.
$7+38=45(\times)$, $38+47=85(\times)$,
$7+48=55(\bigcirc)$, $47+48=95(\times)$
➡ $7+48=55$ 또는 $48+7=55$

12 (공원에 있는 참새 수)
=(처음에 있던 참새 수)+(더 날아온 참새 수)
$=28+15=43$(마리)

13 (규호가 오늘까지 읽은 동화책의 쪽수)
=(어제까지 읽은 쪽수)+(오늘 읽은 쪽수)
$=51+39=90$(쪽)

14 (유이와 영호가 빌린 책의 수의 차)
=(유이가 빌린 책의 수)-(영호가 빌린 책의 수)
$=30-17=13$(권)

15 49명에 몇 명이 더 입장해서 88명이 되었으므
로 덧셈식으로 나타내면 $49+\square=88$입니다.
➡ $\square=88-49=39$

16 수 카드를 사용하여 만들 수 있는 뺄셈식은
$31-8=23$, $31-23=8$, $54-23=31$,
$54-31=23$입니다.

18 ① $16+8=24$ ➡ 수
② $28+18-16=46-16=30$ ➡ 학
③ $35-7=28$ ➡ 사
④ $24-16+8=8+8=16$ ➡ 랑

19 예 $71-\square<45$를 $71-\square=45$로 바꾸어 생
각해 보면 $\square=71-45=26$입니다.」❶
따라서 $\square$ 안에 들어갈 수 있는 수는 26보다
커야 하므로 27, 28, 29입니다.」❷

채점 기준	
❶ 등호로 바꾸어 $\square$ 안에 알맞은 수 구하기	3점
❷ $\square$ 안에 들어갈 수 있는 수 모두 구하기	2점

20 계산 결과가 가장 크려면 38에 38을 제외한 두
수 중 더 큰 수를 더하고 더 작은 수를 뺍니다.
$44>38>19$이므로
$38+44-19=82-19=63$입니다.

01 21　　02 5, 21　　03 131

04 27　　05 49

06 예 $4+\square=12$, 8

07 (위에서부터) 49, 46　　08 · ·

09 65

10 예

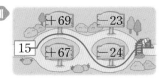

$/ \ 15+69-24=60$, 60

11 풀이 참고　12 $53-19=34$

13 세호　　14 1

15 예 $6-4=2 \ / \ 2+4=6$, $4+2=6$

16 예 $24+\square=31$, 7장

17 풀이 참고, 호걸　　18 120

19 28, 44(또는 44, 28) / 29, 43(또는 43, 29)

20 16, 19, 40, 8, 11

05 $52-25+22=27+22=49$

06 $4+\square=12$에서 $\square=12-4=8$입니다.

07 $55-6=49$, $55-9=46$

08 $36-17=19$, $82-66=16$,
$44-28=16$, $95-76=19$

09 $63-7=56$이므로 $\square-9=56$에서
$\square=56+9=65$입니다.

10 길을 선택하여 만들 수 있는 식은
$15+69-23=61$, $15+69-24=60$,
$15+67-23=59$, $15+67-24=58$입니다.

11 예 $79+17=79+20-3=99-3=96$❶
$79+17=80+17-1=97-1=96$❷

채점 기준	
❶ 79에 20을 먼저 더하고 3을 빼서 구하기	3점
❷ 79를 80으로 바꾸어 구하기	2점

12 주어진 덧셈식으로 나타낼 수 있는 뺄셈식은
$53-19=34$, $53-34=19$입니다. 이 중 계
산 결과가 34인 뺄셈식은 $53-19=34$입니다.

13 세호는 십의 자리에서 받아내림한 수를 빼지
않고 계산하여 잘못되었습니다.

14 앞에서부터 차례대로 한 개씩 지워 가며 계산
해 봅니다.
2를 지우면 $5+19=24$(×)
5를 지우면 $2+19=21$(×)
1을 지우면 $25+9=34$(○)
9를 지우면 $25+1=26$(×)
따라서 1이 적힌 수 카드를 지워야 합니다.

15 만들 수 있는 뺄셈식은 $6-4=2$, $6-2=4$
입니다.

16 칭찬 붙임딱지 24장에 몇 장을 더 모아서 31장
이 되어야 하므로 덧셈식으로 나타내면
$24+\square=31$입니다. ➡ $\square=31-24=7$

17 예 계산하면 호걸이는
$44-13+29=31+29=60$이고, 리나는
$56-21+18=35+18=53$입니다.❶
60이 53보다 더 크므로 계산 결과가 더 큰 사
람은 호걸이입니다.❷

채점 기준	
❶ 계산 결과 각각 구하기	3점
❷ 계산 결과가 더 큰 사람 구하기	2점

18 어떤 수를 $\square$라고 하면 $\square-38=44$에서
$\square=44+38=82$입니다.
따라서 바르게 계산하면 $82+38=120$입니다.

19 (두 자리 수)＋(두 자리 수)의 계산 결과가 72
이므로 일의 자리 수끼리의 합이 2 또는 12가
되는 수를 찾습니다.
➡ $28+44=72$, $29+43=72$

20 · 첫 번째 가로줄:
$23+㉠+28=67$, $51+㉠=67$ ➡ $㉠=16$
· 세 번째 가로줄:
$25+㉤+31=67$, $56+㉤=67$ ➡ $㉤=11$
· 첫 번째 세로줄:
$23+㉡+25=67$, $48+㉡=67$ ➡ $㉡=19$
· 세 번째 세로줄:
$28+㉣+31=67$, $59+㉣=67$ ➡ $㉣=8$
· 두 번째 가로줄:
$19+㉢+8=67$, $27+㉢=67$ ➡ $㉢=40$

정답 및 풀이

01 17	02 42	03 62
04 46 / 75, 75, 46		05 36
06 45	07 ( ) (○)	
08 66	09 ( ) (×)	
10 (선 연결)	11 20, 43, 42	
12 ㉡, ㉢	13 39살	
14 풀이 참고, 91명	15 25개	
16 예 85, 7 / 85−7=78, 78개		
17 풀이 참고, 62	18 9, 4	
19 92	20 88	

04 $7+68-29=75-29=46$

05 $\square+14=50$에서 $\square=50-14=36$입니다.

06 $60-\square=15$에서 $\square=60-15=45$입니다.

07 $58+57=115$, $66+48=114$
➡ $58+57>66+48$

08 가장 큰 수는 93이고, 가장 작은 수는 27입니다.
따라서 가장 큰 수와 가장 작은 수의 차는
$93-27=66$입니다.

09 $64+26=90$으로 나타낼 수 있는 뺄셈식은
$90-64=26$, $90-26=64$입니다.

10 $57+49=106$, $29+79=108$

11 19를 20으로 바꾸어 구합니다.

12 주어진 뺄셈식으로 나타낼 수 있는 덧셈식은
$39+16=55$, $16+39=55$입니다.

13 (아버지와 우준이의 나이의 차)
=(아버지의 연세)−(우준이의 나이)
$=48-9=39$(살)

14 예 재윤이네 학교 2학년 남학생 수와 여학생 수
를 더하면 되므로 $44+47$을 계산합니다.」❶
따라서 재윤이네 학교 2학년 학생은 모두
$44+47=91$(명)입니다.」❷

채점 기준

❶ 문제에 알맞은 식 만들기	2점
❷ 재윤이네 학교 2학년 학생은 모두 몇 명인지 구하기	3점

15 (혜영이가 사용한 재활용품의 수)
=(사용한 병뚜껑의 수)
    +(사용한 종이 상자의 수)
$=17+8=25$(개)

16 (용아와 도경이가 사용한 연결 모형의 수의 차)
=(용아가 사용한 연결 모형의 수)
    −(도경이가 사용한 연결 모형의 수)
$=85-7=78$(개)

참고 주어진 수 카드로 만들 수 있는 뺄셈식은
$83-6=77$, $83-7=76$, $83-8=75$,
$84-6=78$, $84-7=77$, $84-8=76$,
$85-6=79$, $85-7=78$, $85-8=77$입니다.

17 예 어떤 수를 $\square$라고 하면 $\square-25=37$입니
다.」❶
따라서 $\square=37+25=62$이므로 어떤 수는
62입니다.」❷

채점 기준

❶ 어떤 수를 $\square$라고 하여 식 세우기	2점
❷ 어떤 수 구하기	3점

18 •일의 자리 계산:
$1-㉡=7$이 될 수 없으므로 $11-㉡=7$
➡ $㉡=11-7=4$
•십의 자리 계산:
$㉠-1-6=2$ ➡ $㉠=2+1+6=9$

19 $▲-15=◆$에서 $▲-15=8$이므로
$▲=8+15=23$입니다.
$◎-▲=69$에서 $◎-23=69$이므로
$◎=69+23=92$입니다.

20 두 자리 수 ㉢㉢은 96보다 작으므로 88,
77 …… 22, 11이 될 수 있습니다.
㉠과 ㉡은 모두 한 자리 수이므로 ㉠과 ㉡이
모두 9라고 해도 $96-9-9=78$이므로 ㉢㉢
은 77보다 작을 수 없습니다.
따라서 ㉢㉢은 88입니다.

참고 $96-㉠-㉡$에서 $㉠=㉡=1$일 때
$96-1-1=94$, $㉠=㉡=9$일 때
$96-9-9=78$이므로 ㉢㉢은 94보다 작거
나 같고, 78보다 크거나 같습니다.

틀린 유형 다시 보기

유형 **1** 25　　　**1**-1 92　　　**1**-2 15

1-3 27　　　유형 **2** <　　　**2**-1 >

2-2 (　　) (○)

2-3 ㉢, ㉡, ㉠　　　유형 **3** 73

3-1 71　　　**3**-2 81　　　**3**-3 26개

유형 **4** 3, 60, 92　　　**4**-1 20, 64, 63

4-2 2, 35, 37

유형 **5** 23　　　**5**-1 38　　　**5**-2 74

5-3 70　　　유형 **6** 124　　　**6**-1 8

6-2 75　　　**6**-3 ④　　　유형 **7** 8, 9

7-1 7, 8, 9　　　**7**-2 37, 38, 39

7-3 6개　　　유형 **8** (위에서부터) 4, 2

8-1 (위에서부터) 6, 3　　　**8**-2 1, 5

8-3 15　　　유형 **9** (위에서부터) 6, 5

9-1 (위에서부터) 8, 4　　　**9**-2 3, 8

9-3 4

유형 **10** 84, 7(또는 7, 84) / 85, 6(또는 6, 85)

10-1 15, 18(또는 18, 15) /

　　16, 17(또는 17, 16)

10-2 22, 7 / 23, 8　　　유형 **11** 16, 14 / 31

11-1 15, 38 / 38　　　**11**-2 50, 27 / 36

유형 **12** 121　　　**12**-1 90　　　**12**-2 38

유형 **1** 수직선을 식으로 나타내면 $9+16=\square$이므로 $\square=25$입니다.

1-1 수직선을 식으로 나타내면 $34+58=\square$이므로 $\square=92$입니다.

1-2 수직선을 식으로 나타내면 $21-6=\square$이므로 $\square=15$입니다.

1-3 수직선을 식으로 나타내면 $74-47=\square$이므로 $\square=27$입니다.

유형 **2** $52-4=48,\ 56-7=49$
　➡ $52-4<56-7$

2-1 $14+57=71,\ 26+44=70$
　➡ $14+57>26+44$

2-2 $70-21-17=49-17=32,$
　$72-8-34=64-34=30$
　➡ $70-21-17>72-8-34$

2-3 ㉠ $78+3=81$ ㉡ $54+29=83$
　㉢ $92-7=85$
　따라서 계산 결과가 큰 것부터 차례대로 기호를 쓰면 ㉢, ㉡, ㉠입니다.

유형 **3** $92-47=45$이므로 $\square-28=45$에서 $\square=45+28=73$입니다.

3-1 $27+56=83$이므로 $12+\square=83$에서 $\square=83-12=71$입니다.

3-2 $35+7=42$이므로 $\square-39=42$에서 $\square=42+39=81$입니다.

3-3 준형이가 모은 페트병의 수를 $\square$라고 하면 윤하와 준형이가 각각 모은 우유갑과 페트병의 수의 합이 같으므로 $18+34=26+\square$입니다.
$18+34=52$이므로 $26+\square=52$에서 $\square=52-26=26$입니다.
따라서 준형이가 모은 페트병은 26개입니다.

유형 **4** 35를 32와 3의 합으로 생각하여 3과 57을 먼저 더한 수에 32를 더합니다.
　➡ $35+57=32+3+57=32+60=92$

4-1 19를 20으로 생각하여 44와 20을 먼저 더한 수에서 1을 뺍니다.
　➡ $44+19=44+20-1=64-1=63$

4-2 62를 60과 2의 합으로 생각하여 60에서 25를 먼저 뺀 수에 2를 더합니다.
　➡ $62-25=60-25+2=35+2=37$

유형 **5** 어떤 수를 $\square$라고 하면 $29+\square=52$입니다.
따라서 $\square=52-29=23$입니다.

5-1 어떤 수를 $\square$라고 하면 $65-\square=27$입니다.
따라서 $\square=65-27=38$입니다.

5-2 어떤 수를 $\square$라고 하면 $\square-18-7=49$입니다.
따라서 $\square=49+18+7=67+7=74$입니다.

5-3 어떤 수를 □라고 하면 □$-29=24+17$ 입니다. $24+17=41$이므로 □$-29=41$ 에서 □$=41+29=70$입니다.

유형 6 어떤 수를 □라고 하면 □$-35=54$에서 □$=54+35=89$입니다.
따라서 바르게 계산하면 $89+35=124$입니다.

6-1 어떤 수를 □라고 하면 □$+41=90$에서 □$=90-41=49$입니다.
따라서 바르게 계산하면 $49-41=8$입니다.

6-2 어떤 수를 □라고 하면 $67-$□$=59$에서 □$=67-59=8$입니다.
따라서 바르게 계산하면 $67+8=75$입니다.

6-3 어떤 수를 □라고 하면 □$-26=45$에서 □$=45+26=71$입니다.
따라서 바르게 계산하면 $71+26=97$입니다.

유형 7 $72-$□<65를 $72-$□$=65$로 바꾸어 생각해 보면 □$=72-65=7$입니다.
따라서 □ 안에 들어갈 수 있는 수는 7보다 커야 하므로 8, 9입니다.

7-1 $53-1$□<37을 $53-1$□$=37$로 바꾸어 생각해 보면 1□$=53-37=16$입니다.
따라서 □ 안에 들어갈 수 있는 수는 6보다 커야 하므로 7, 8, 9입니다.

7-2 $71-$□<35를 $71-$□$=35$로 바꾸어 생각해 보면 □$=71-35=36$입니다.
따라서 □ 안에 들어갈 수 있는 수는 36보다 커야 하므로 37, 38, 39입니다.

7-3 $84-$□>58을 $84-$□$=58$로 바꾸어 생각해 보면 □$=84-58=26$입니다.
따라서 □ 안에 들어갈 수 있는 수는 26보다 작아야 하므로 20, 21, 22, 23, 24, 25로 모두 6개입니다.

유형 8 • 일의 자리 계산: $5+7=12$ ➡ □$=2$
• 십의 자리 계산:
  $1+$□$+2=7$ ➡ □$=7-1-2=4$

8-1 • 일의 자리 계산:
  □$+9=5$가 될 수 없으므로
  □$+9=15$ ➡ □$=15-9=6$
• 십의 자리 계산: $1+6+6=13$ ➡ □$=3$

8-2 • 일의 자리 계산:
  $7+$ⓒ$=2$가 될 수 없으므로
  $7+$ⓒ$=12$ ➡ ⓒ$=12-7=5$
• 십의 자리 계산:
  $1+$ⓐ$+1=3$ ➡ ⓐ$=3-1-1=1$

8-3 ⓒ, ⓓ은 0이 아니므로 ⓒ$+$ⓓ$=11$입니다.
십의 자리 계산에서 $1+$ⓐ$=5$이므로
ⓐ$=5-1=4$입니다.
따라서 ⓐ$+$ⓒ$+$ⓓ$=4+11=15$입니다.

유형 9 • 일의 자리 계산:
  $4-$□$=8$이 될 수 없으므로
  $14-$□$=8$ ➡ □$=14-8=6$
• 십의 자리 계산: $6-1=$□ ➡ □$=5$

9-1 • 일의 자리 계산:
  $0-$□$=6$이 될 수 없으므로
  $10-$□$=6$ ➡ □$=10-6=4$
• 십의 자리 계산:
  □$-1-3=4$ ➡ □$=4+1+3=8$

9-2 • 일의 자리 계산:
  $4-$ⓒ$=6$이 될 수 없으므로
  $14-$ⓒ$=6$ ➡ ⓒ$=14-6=8$
• 십의 자리 계산:
  ⓐ$-1-1=1$ ➡ ⓐ$=1+1+1=3$

9-3 • 일의 자리 계산:
  $0-●=7$이 될 수 없으므로
  $10-●=7$ ➡ $●=10-7=3$
• 십의 자리 계산:
  $8-1-$□$=●$, $7-$□$=●$
  ➡ □$=7-●=7-3=4$

유형 10 (두 자리 수)$+$(한 자리 수)의 계산 결과가 91이므로 일의 자리 수끼리의 합이 1 또는 11이 되는 수를 찾습니다.
➡ $84+7=91$, $85+6=91$

10-1 (두 자리 수)+(두 자리 수)의 계산 결과가 33이므로 일의 자리 수끼리의 합이 3 또는 13이 되는 수를 찾습니다.
➡ $15+18=33$, $16+17=33$

10-2 (두 자리 수)−(한 자리 수)의 계산 결과가 15이므로 일의 자리 수끼리의 차가 5가 되거나 십의 자리에서 받아내림하여 계산했을 때 일의 자리 수가 5가 되는 수를 찾습니다.
➡ $22-7=15$, $23-8=15$

유형11 계산 결과가 가장 크려면 29에 29를 제외한 두 수 중 더 큰 수를 더하고 더 작은 수를 뺍니다.
$29>16>14$이므로
$29+16-14=45-14=31$입니다.

11-1 계산 결과가 가장 작으려면 61에 61을 제외한 두 수 중 더 작은 수를 더하고 더 큰 수를 뺍니다.
$61>38>15$이므로
$61+15-38=76-38=38$입니다.

11-2 계산 결과가 가장 크려면 13에 13을 제외한 두 수 중 더 큰 수를 더하고 더 작은 수를 뺍니다.
$50>27>13$이므로
$13+50-27=63-27=36$입니다.

유형12 가장 큰 두 자리 수는 십의 자리부터 큰 수를 놓고, 가장 작은 두 자리 수는 십의 자리부터 작은 수를 놓습니다.
만들 수 있는 가장 큰 두 자리 수는 86이고, 가장 작은 두 자리 수는 35이므로 두 수의 합은 $86+35=121$입니다.

12-1 만들 수 있는 가장 큰 두 자리 수는 76이고, 가장 작은 두 자리 수는 14이므로 두 수의 합은 $76+14=90$입니다.

12-2 대진이가 만든 가장 큰 두 자리 수는 94이고, 수경이가 만든 가장 작은 두 자리 수는 56입니다. 따라서 만든 두 수의 차는 $94-56=38$입니다.

4단원 길이 재기

66~68쪽 AI가 추천한 단원 평가 1회

01 ( )
 (◯)
02 ㉡
03 5 cm
04 ④
05 6
06
07 예
08 ②, ④
09 1 cm
10 약 8 cm
11 5
12 7 cm
13 16
14 경민
15 약 7 cm
16 10 cm
17 풀이 참고, 나
18 소희, 1 cm
19 풀이 참고, 18번쯤
20 16 cm

06 연결 모형을 첫 번째는 4개, 두 번째는 5개, 세 번째는 3개로 만들었으므로 가장 길게 연결한 모양은 두 번째입니다.

08 지팡이, 허리띠, 책상의 긴 쪽은 수학익힘책의 짧은 쪽보다 더 길므로 수학익힘책 짧은 쪽의 길이를 재기에 알맞지 않습니다.

10 • 첫 번째 그림: 자의 눈금이 6과 7 사이에 있고, 7에 더 가까우므로 약 7 cm입니다.
 • 세 번째 그림: 자의 눈금이 9와 10 사이에 있고, 9에 더 가까우므로 약 9 cm입니다.

12 치약의 한쪽 끝은 자의 눈금 3에 맞춰져 있고, 다른 쪽 끝에 있는 자의 눈금은 10입니다.
3에서 10까지 1 cm로 7번이므로 7 cm입니다.

13 • 4 cm는 1 cm가 4번이므로 ㉠은 4입니다.
 • 1 cm로 12번은 12 cm이므로 ㉡은 12입니다.
 ➡ ㉠+㉡=$4+12=16$

14 단위의 길이를 비교하면
수학책의 짧은 쪽 > 딱풀 > 엄지손가락이므로
잰 횟수가 가장 적은 사람은 경민이입니다.
[참고] 단위의 길이가 길수록 잰 횟수는 적습니다.

15 종이끈의 한쪽 끝은 자의 눈금 1에 맞춰져 있
고, 다른 쪽 끝에 있는 자의 눈금은 8에 가깝
습니다. 1에서 8까지 1 cm로 7번이므로 종
이끈의 길이는 약 7 cm입니다.

16 • 파란색 막대의 한쪽 끝은 자의 눈금 1에 맞춰
져 있고, 다른 쪽 끝에 있는 자의 눈금은 7입
니다. 1에서 7까지 1 cm로 6번입니다.
• 빨간색 막대의 한쪽 끝은 자의 눈금 3에 맞춰
져 있고, 다른 쪽 끝에 있는 자의 눈금은 7입
니다. 3에서 7까지 1 cm로 4번입니다.
따라서 두 막대를 겹치지 않게 한 줄로 길게
이어 붙인 길이는 1 cm로 6+4=10(번)이므
로 10 cm입니다.

17 예 선의 길이를 자로 재어 보면 가는 약 3 cm,
나는 약 4 cm, 다는 약 6 cm입니다.」❶
따라서 4 cm에 가장 가깝게 어림하여 그은
선은 나입니다.」❷

채점 기준	
❶ 선의 길이를 각각 자로 재기	3점
❷ 4 cm에 가장 가깝게 어림하여 그은 선은 어느 것인지 구하기	2점

18 재한이의 색 테이프의 길이는 3 cm인 지우개
로 5번 잰 길이와 같으므로
3+3+3+3+3=15(cm)입니다.
소희의 색 테이프의 길이는 4 cm인 머리핀으
로 4번 잰 길이와 같으므로
4+4+4+4=16(cm)입니다.
16>15이므로 소희의 색 테이프가
16−15=1(cm) 더 깁니다.

19 예 모니터 긴 쪽의 길이는 붓으로 3번이므로
종이집게로 6+6+6=18(번)쯤입니다.」❶

채점 기준	
❶ 모니터 긴 쪽의 길이는 종이집게로 몇 번인지 구하기	5점

20 가장 큰 사각형의 네 변의 길이의 합은 1 cm로
6+2+6+2=16(번)이므로 16 cm입니다.

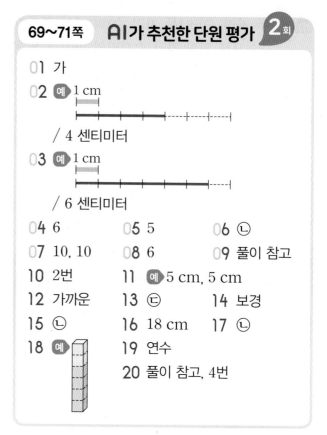

69~71쪽 AI가 추천한 단원 평가 2회

01 가
02 예 /4 센티미터
03 예 /6 센티미터
04 6   **05** 5   **06** ㉡
07 10, 10   **08** 6   **09** 풀이 참고
10 2번   **11** 예 5 cm, 5 cm
12 가까운   **13** ㉢   **14** 보경
15 ㉡   **16** 18 cm   **17** ㉡
18 예   **19** 연수
20 풀이 참고, 4번

06 ㉠ 종이 테이프의 한쪽 끝을 자의 눈금 0에 맞
추지 않았습니다.
[참고] 자를 사용하여 길이를 재는 방법
① 물건의 한쪽 끝을 자의 눈금 0에 맞춥니다.
② 물건의 다른 쪽 끝에 있는 자의 눈금을 읽
습니다.

07 자의 눈금이 9와 10 사이에 있고, 10에 더 가
까우므로 약 10 cm입니다.

08 1 cm로 6번이므로 6 cm입니다.

09 예 딱풀의 한쪽 끝을 자의 눈금 0에 정확하게
맞추지 않아 정확하게 6 cm라고 할 수 없습
니다.」❶

채점 기준	
❶ 잘못 잰 이유 쓰기	5점

10 스케치북의 긴 쪽은 지우개로 6번이고, 짧은
쪽은 지우개로 4번입니다. 따라서 스케치북
긴 쪽의 길이는 짧은 쪽의 길이보다 지우개로
6−4=2(번)만큼 더 깁니다.

13 지팡이, 양팔, 책상의 긴 쪽은 책상의 짧은 쪽
보다 더 길므로 책상 짧은 쪽의 길이를 재기에
알맞지 않습니다.

14 • 윤호: 19 센티미터는 19 cm라고 씁니다.
   • 보경: 1 cm가 20번이면 20 cm입니다.
   → 20>19이므로 신발의 길이가 더 긴 사람
      은 보경이입니다.

15 ㉠ 3 cm   ㉡ 2 cm   ㉢ 3 cm
   따라서 길이가 다른 하나는 ㉡입니다.

16 빨간색 선의 길이는 1 cm로 18번이므로
   18 cm입니다.

17 ㉠ 한쪽 끝은 자의 눈금 0에 맞춰져 있고, 다른
      쪽 끝에 있는 자의 눈금은 6입니다. 0에서 6
      까지 1 cm로 6번이므로 6 cm입니다.
   ㉡ 한쪽 끝은 자의 눈금 2에 맞춰져 있고, 다른
      쪽 끝에 있는 자의 눈금은 7입니다. 2에서 7
      까지 1 cm로 5번이므로 5 cm입니다.
   ㉢ 한쪽 끝은 자의 눈금 2에 맞춰져 있고, 다른
      쪽 끝에 있는 자의 눈금은 9입니다. 2에서 9
      까지 1 cm로 7번이므로 7 cm입니다.
   따라서 길이가 가장 짧은 선은 ㉡입니다.

18 2 cm 막대를 3개, 2개, 1개, 0개를 놓고 남은
   곳에 1 cm 막대를 놓습니다.

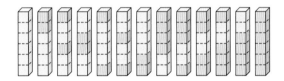

19 재우가 어림하여 자른 종이의 길이는 약 7 cm,
   연수가 어림하여 자른 종이의 길이는 약 8 cm,
   이찬이가 어림하여 자른 종이의 길이는 약 9 cm
   입니다.
   따라서 8 cm에 가장 가깝게 어림한 사람은
   연수입니다.

20 예 동화책 긴 쪽의 길이는 길이가 4 cm인 종
   이집게로 6번이므로
   4+4+4+4+4+4=24(cm)입니다. ❶
   24=6+6+6+6이므로 동화책 긴 쪽의 길
   이는 길이가 6 cm인 딱풀로 4번 잰 것과 같
   습니다. ❷

채점 기준	
❶ 동화책 긴 쪽의 길이 구하기	2점
❷ 동화책 긴 쪽의 길이는 딱풀로 몇 번 잰 것과 같은지 구하기	3점

72~74쪽 **AI가 추천한 단원 평가** **3**회

01 5 센티미터   **02** 3   **03** (선 연결)

04 4번

05 예 (선)

06 ㉡   **07** 가, 다, 나   **08** (선 연결)

09 7   **10** 3, 3   **11** 2번
12 3, 3   **13** 연필   **14** 6 cm
15 20 cm   **16** 점 ㄴ, 점 ㄹ
17 6 cm   **18** 6
19 풀이 참고, 약 60 cm
20 풀이 참고, 14 cm

10 지우개의 한쪽 끝은 자의 눈금 3에 맞춰져 있
   고, 다른 쪽 끝에 있는 자의 눈금은 6입니다.
   3에서 6까지 1 cm로 3번이므로 3 cm입니다.

11 색연필의 길이는 종이집게로 5번이고, 연필의
   길이는 종이집게로 3번입니다. 따라서 색연필
   의 길이는 연필의 길이보다 종이집게로
   5-3=2(번)만큼 더 깁니다.

12 막대를 색 테이프로 재면 3번쯤 됩니다.
   따라서 막대의 길이는 약 3 cm입니다.

13 연필의 한쪽 끝은 자의 눈금 1에 맞춰져 있고,
   다른 쪽 끝에 있는 자의 눈금은 9이므로 연필
   의 길이는 8 cm입니다.
   색연필의 한쪽 끝은 자의 눈금 3에 맞춰져 있
   고, 다른 쪽 끝에 있는 자의 눈금은 10이므로
   색연필의 길이는 7 cm입니다.
   따라서 8>7이므로 더 긴 것은 연필입니다.

14 자로 재면 초록색 선의 길이는 3 cm, 빨간색
   선의 길이는 3 cm입니다. 따라서 그은 선의
   길이는 모두 3+3=6(cm)입니다.

15 동화책 긴 쪽의 길이를 □라고 하면
   □+□+□+□=80입니다.
   20+20+20+20=80이므로 동화책 긴 쪽
   의 길이는 20 cm입니다.

16 빨간색 점을 자의 눈금 0에 맞추고 2 cm 떨어져 있는 점을 모두 찾아보면 점 ㄴ과 점 ㄹ입니다.

17 • 파란색 막대의 한쪽 끝은 자의 눈금 0에 맞춰져 있고, 다른 쪽 끝에 있는 자의 눈금은 2입니다. 0에서 2까지 1 cm로 2번입니다.
    • 빨간색 막대의 한쪽 끝은 자의 눈금 3에 맞춰져 있고, 다른 쪽 끝에 있는 자의 눈금은 7입니다. 3에서 7까지 1 cm로 4번입니다.
    따라서 두 막대를 겹치지 않게 한 줄로 길게 이어 붙인 길이는 1 cm로 2+4=6(번)이므로 6 cm입니다.

18 작은 사각형의 네 변의 길이가 모두 같고, 이어 붙인 가장 큰 사각형의 긴 변은 4 cm가 3번 있으므로 4+4+4=12(cm)입니다.
    가장 큰 사각형의 긴 변은 □ cm가 2번 있는 것과 같으므로 6+6=12에서 □=6입니다.

19 예 뼘의 길이가 길수록 잰 횟수는 적습니다.
    잰 횟수를 비교하면 5<6<7이므로 한 뼘의 길이가 가장 긴 사람은 대진이입니다. ❶
    대진이의 한 뼘의 길이가 12 cm이고 12+12+12+12+12=60(cm)이므로 책상 짧은 쪽의 길이는 약 60 cm입니다. ❷

채점 기준	
❶ 한 뼘의 길이가 가장 긴 사람 구하기	3점
❷ 책상 짧은 쪽의 길이 구하기	2점

20 예

    색 테이프를 두 부분으로 나누어 생각합니다.
    연두색 부분은 0에서 11까지 1 cm로 11번이므로 11 cm입니다.
    빨간색 부분은 7에서 10까지 1 cm로 3번이므로 3 cm입니다. ❶
    따라서 색 테이프의 길이는 11+3=14(cm)입니다. ❷

채점 기준	
❶ 색 테이프를 두 부분으로 나누어 각각의 길이 구하기	3점
❷ 색 테이프의 길이 구하기	2점

75~77쪽 **AI가 추천한 단원 평가** 4회

01 4 cm, 4 센티미터   02 ㉢
03 7   04 13   05 5
06 3   07 [선 잇기]   08 유정
09 [선 잇기]   10 예 6 cm, 6 cm
11 범수   12 ㉠
13 파란색 색연필
14 적습니다, 많습니다   15 풀이 참고
16 12 cm   17 풀이 참고, 4번
18 8 cm   19 상원   20 100 cm

03 7 cm는 1 cm가 7번입니다.
    참고 ■ cm는 1 cm가 ■번입니다.

08 장난감의 한쪽 끝이 자의 눈금 0에 맞춰져 있고, 다른 쪽 끝이 자의 눈금 9와 10 사이에 있고, 9에 더 가까우므로 약 9 cm입니다.
    따라서 장난감의 길이를 알맞게 말한 사람은 유정이입니다.

09 • 1 cm가 6번 ➡ 6 cm
    • 1 cm가 13번 ➡ 13 cm
    • 1 cm가 9번 ➡ 9 cm

11 직접 맞대어 비교할 수 없으므로 끈과 같은 구체물을 이용하여 길이를 비교합니다.
    참고 노란색 막대의 길이만큼 끈을 자른 다음 세 친구의 키에 맞대어 봅니다.

12 ㉠ 16 센티미터는 16 cm라고 씁니다.
    ㉡ 1 cm가 21번이면 21 cm입니다.
    ➡ 16 cm < 19 cm < 21 cm이므로 길이가 가장 짧은 것은 ㉠입니다.
    참고 모두 cm를 사용하여 나타낸 후 비교합니다.

13 잰 횟수가 같으므로 단위의 길이가 길수록 색 테이프의 길이가 더 깁니다. 파란색 색연필이 빨간색 색연필보다 길므로 자른 색 테이프가 더 긴 것은 파란색 색연필로 재어 자른 것입니다.

14 단위의 길이가 길수록 잰 횟수는 적고, 단위의 길이가 짧을수록 잰 횟수는 많습니다.

15 예 사람마다 뼘의 길이가 다르기 때문입니다. ❶

채점 기준	
❶ 두 사람이 잰 길이가 다른 이유 설명하기	5점

16 파란색 선의 길이는 1 cm로 12번이므로 12 cm입니다.

17 예 뼘으로 2번인 길이와 종이집게로 8번인 길이가 같으므로 한 뼘의 길이는 종이집게 1개의 길이로 4번인 길이와 같습니다. ❶

채점 기준	
❶ 한 뼘의 길이는 종이집게 1개의 길이로 몇 번 인지 구하기	5점

18 ㉮에서 ㉯까지 가는 가장 가까운 길은 오른쪽으로 5칸, 아래쪽으로 3칸 가는 길입니다.
따라서 가장 가까운 길은 1 cm로 $5+3=8$(칸)이므로 8 cm입니다.

참고 가장 가까운 길로 가는 방법은 여러 가지입니다.

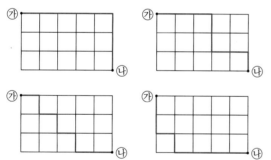

이때 가장 가까운 길은 왔던 길을 되돌아가지 않습니다.

19 지우개의 길이가 길수록 잰 횟수는 적습니다. 잰 횟수를 비교하면 $8<10$이므로 상원이의 지우개의 길이가 더 깁니다.

20 식탁 짧은 쪽의 길이는 20 cm인 색연필로 4번이므로 $20+20+20+20=80$(cm)입니다.
식탁 긴 쪽의 길이는 짧은 쪽의 길이보다 20 cm 더 길므로 식탁 긴 쪽의 길이는 $80+20=100$(cm)입니다.

참고 20 cm씩 ■번 잰 길이는 20 cm씩 ■번 더합니다.

78~83쪽 **틀린 유형 다시 보기**

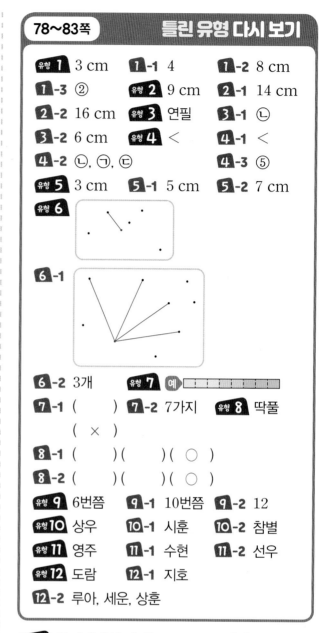

유형1 3 cm   1-1 4   1-2 8 cm
1-3 ②   유형2 9 cm   2-1 14 cm
2-2 16 cm   유형3 연필   3-1 ㉡
3-2 6 cm   유형4 <   4-1 <
4-2 ㉡, ㉠, ㉢   4-3 ⑤
유형5 3 cm   5-1 5 cm   5-2 7 cm
유형6

6-1

6-2 3개   유형7 예
7-1 (   )   7-2 7가지   유형8 딱풀
(×)
8-1 (   )(   )(○)
8-2 (   )(   )(○)
유형9 6번쯤   9-1 10번쯤   9-2 12
유형10 상우   10-1 시훈   10-2 참별
유형11 영주   11-1 수현   11-2 선우
유형12 도람   12-1 지호
12-2 루아, 세운, 상훈

유형1 종이집게의 길이는 1 cm로 3번이므로 3 cm입니다.

1-1 딱풀의 길이는 1 cm로 4번이므로 4 cm입니다.

1-2 칫솔의 길이는 1 cm로 8번이므로 8 cm입니다.

1-3 열쇠의 길이는 1 cm로 2번이므로 2 cm입니다.

유형2 빨간색 선의 길이는 1 cm로 9번이므로 9 cm입니다.

2-1 로봇이 움직인 거리는 1 cm로 14번이므로 14 cm입니다.

2-2 파란색 선의 길이는 2 cm로 8번이므로
2+2+2+2+2+2+2+2
=16(cm)입니다.

유형 3 연필의 한쪽 끝은 자의 눈금 0에 맞춰져 있고, 다른 쪽 끝에 있는 자의 눈금은 10이므로 연필의 길이는 10 cm입니다.
물감의 한쪽 끝은 자의 눈금 2에 맞춰져 있고, 다른 쪽 끝에 있는 자의 눈금은 8이므로 물감의 길이는 6 cm입니다.
따라서 더 긴 것은 연필입니다.

3-1 ㉠ 색연필의 한쪽 끝은 자의 눈금 2에 맞춰져 있고, 다른 쪽 끝에 있는 자의 눈금은 10이므로 색연필의 길이는 8 cm입니다.
㉡ 색연필의 한쪽 끝은 자의 눈금 2에 맞춰져 있고, 다른 쪽 끝에 있는 자의 눈금은 8이므로 색연필의 길이는 6 cm입니다.
㉢ 색연필의 한쪽 끝은 자의 눈금 0에 맞춰져 있고 다른 쪽 끝에 있는 자의 눈금은 8이므로 색연필의 길이는 8 cm입니다.
따라서 길이가 가장 짧은 색연필은 ㉡입니다.

3-2 수수깡의 한쪽 끝은 자의 눈금 0에 맞춰져 있고, 다른 쪽 끝에 있는 자의 눈금은 11이므로 수수깡의 길이는 11 cm입니다.
도장의 한쪽 끝은 자의 눈금 4에 맞춰져 있고, 다른 쪽 끝에 있는 자의 눈금은 9이므로 도장의 길이는 5 cm입니다.
따라서 수수깡의 길이는 도장의 길이보다
11-5=6(cm) 더 깁니다.

유형 4 • 1 cm가 5번이면 5 cm입니다.
• 6 센티미터는 6 cm라고 씁니다.
➡ 5 cm < 6 cm

4-1 1 cm가 8번이면 8 cm입니다.
➡ 7 cm < 8 cm

4-2 ㉡ 5 센티미터는 5 cm라고 씁니다.
㉢ 1 cm가 8번이면 8 cm입니다.
➡ 5 cm < 7 cm < 8 cm이므로 길이가 짧은 것부터 차례대로 기호를 쓰면 ㉡, ㉠, ㉢입니다.

4-3 ① 1 cm가 13번이면 13 cm입니다.
④ 15 센티미터는 15 cm라고 씁니다.
⑤ 1 cm가 16번이면 16 cm입니다.
➡ 16 cm > 15 cm > 14 cm > 13 cm > 12 cm이므로 길이가 가장 긴 것은 ⑤입니다.

유형 5 자로 재면 파란색 선의 길이는 2 cm, 빨간색 선의 길이는 1 cm입니다.
따라서 그은 선의 길이는 모두
2+1=3(cm)입니다.

5-1 자로 재면 점 ㄱ에서 점 ㄴ까지의 선의 길이는 2 cm, 점 ㄴ에서 점 ㄷ까지의 선의 길이는 3 cm입니다.
따라서 선의 길이는 모두 2+3=5(cm)입니다.

5-2 자로 재면 노란색 선의 길이는 1 cm, 빨간색 선의 길이는 3 cm, 파란색 선의 길이는 3 cm입니다.
따라서 그은 선의 길이는 모두
1+3+3=7(cm)입니다.

유형 6 빨간색 점을 자의 눈금 0에 맞추고 1 cm 떨어져 있는 점을 찾아 빨간색 점과 이어서 선을 긋습니다.

6-1 빨간색 점을 자의 눈금 0에 맞추고 3 cm 떨어져 있는 점을 모두 찾아 빨간색 점과 이어서 선을 긋습니다.

6-2 빨간색 점에서 2 cm 떨어져 있는 점을 찾아보면 다음과 같습니다.

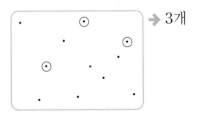

유형 7 3 cm 막대를 먼저 놓고 남은 곳에 2 cm, 1 cm 막대를 놓습니다.

7-1 두 번째 그림에서 2 cm 막대를 잘못 사용했습니다.

7-2 2 cm 막대를 먼저 놓고 남은 곳에 1 cm 막대를 놓습니다.

→ 7가지

유형 8 단위의 길이가 짧을수록 잰 횟수는 많습니다.
단위의 길이를 비교하면 딱풀<실내화<우산입니다.
따라서 잰 횟수가 가장 많은 것은 딱풀입니다.

8-1 단위의 길이가 짧을수록 잰 횟수는 많습니다.
단위의 길이를 비교하면
종이집게<새 연필<수학책의 긴 쪽입니다.
따라서 잰 횟수가 가장 많은 것은 종이집게입니다.

8-2 단위의 길이가 길수록 잰 횟수는 적습니다.
단위의 길이를 비교하면
수학책의 긴 쪽>뼘>지우개입니다.
따라서 잰 횟수가 가장 적은 것은 수학책의 긴 쪽입니다.

유형 9 빗자루의 길이는 리코더로 3번이므로 색연필로 2+2+2=6(번)쯤입니다.

9-1 공책 긴 쪽의 길이는 연필로 2번이므로 종이집게로 5+5=10(번)쯤입니다.

9-2 칠판 짧은 쪽의 길이는 우산으로 2번이므로 연필로 6+6=12(번)쯤입니다.

유형 10 잰 횟수가 같으므로 가지고 있는 털실의 길이를 비교합니다.
상우의 털실이 영현이의 털실보다 길므로 더 긴 막대를 가지고 있는 사람은 상우입니다.

10-1 잰 횟수가 같으므로 가지고 있는 물건의 길이를 비교합니다.
가장 긴 물건은 지팡이이므로 선을 가장 길게 그은 사람은 시훈이입니다.

10-2 잰 횟수가 같으므로 가지고 있는 물건의 길이를 비교합니다.
가장 긴 물건은 수학책의 긴 쪽이므로 가장 긴 끈을 가지고 있는 사람은 참별이입니다.

유형 11 뼘의 길이가 길수록 잰 횟수는 적습니다.
잰 횟수를 비교하면 5<6이므로 영주의 뼘의 길이가 더 깁니다.

11-1 종이끈의 길이가 짧을수록 잰 횟수는 많습니다. 잰 횟수를 비교하면 11>10이므로 수현이의 종이끈의 길이가 더 짧습니다.

11-2 뼘의 길이가 길수록 잰 횟수는 적습니다.
잰 횟수를 비교하면 6<7이므로 선우의 뼘의 길이가 더 깁니다.

유형 12 태희가 어림하여 자른 끈의 길이는 약 5 cm입니다.
도람이가 어림하여 자른 끈의 길이는 약 6 cm입니다.
따라서 6 cm에 더 가깝게 어림한 사람은 도람이입니다.

12-1 준현이가 어림하여 자른 색 테이프의 길이는 약 6 cm입니다.
이서가 어림하여 자른 색 테이프의 길이는 약 5 cm입니다.
지호가 어림하여 자른 색 테이프의 길이는 약 4 cm입니다.
따라서 4 cm에 가장 가깝게 어림한 사람은 지호입니다.

12-2 상훈이가 어림하여 자른 종이의 길이는 약 12 cm입니다.
세운이가 어림하여 자른 종이의 길이는 약 11 cm입니다.
루아가 어림하여 자른 종이의 길이는 약 10 cm입니다.
따라서 10 cm에 가깝게 어림한 사람부터 차례대로 이름을 쓰면 루아, 세운, 상훈이입니다.

5단원 분류하기

86~88쪽 AI가 추천한 단원 평가 1회

01 (○)(   ) 02 ②, ③, ⑤, ⑧
03 ①, ④, ⑥ 04 ○
05 2가지
06 ㉠, ㉡, ㉣, ㉥, ㉦ / ㉢, ㉤
07 3가지
08 ㉡, ㉣ / ㉠, ㉥, ㉦ / ㉢, ㉤
09 5, 1, 4, 2 10 피자빵
11 풀이 참고 12 예 글자의 종류
13 예 글자의 색깔
14 예

색깔	검은색	빨간색	파란색
수(개)	3	2	3

15

	빨간색	노란색	초록색
알사탕	①, ⑦, ⑧	②, ⑥	⑨
막대 사탕	③	⑤	④, ⑩

16 2개 17 2개
18 3명 19 박물관, 민속촌
20 풀이 참고

01 맛있는 것과 맛없는 것은 사람마다 다를 수 있습니다. 따라서 분류 기준으로 알맞지 않습니다.

05 칠교 조각의 모양은 삼각형과 사각형으로 2가지입니다.

07 칠교 조각의 색깔은 빨간색, 노란색, 파란색으로 3가지입니다.

08 칠교 조각을 빨간색, 노란색, 파란색으로 분류합니다.

09 빵을 하나씩 세면서 표시해 보면 피자빵은 5명, 팥빵은 1명, 크림빵은 4명, 식빵은 2명입니다.

10 가장 많은 학생들이 좋아하는 빵은 학생 수가 5명인 피자빵입니다.

11 예 빵을 종류에 따라 분류하여 세면 학생들이 가장 좋아하는 빵, 빵별로 좋아하는 학생 수 등을 쉽게 알 수 있습니다.」 ❶

채점 기준

❶ 빵을 종류에 따라 분류하여 세면 어떤 점이 좋은지 쓰기	5점

12 자석의 글자를 알파벳과 한글로 분류했으므로 분류 기준은 글자의 종류입니다.

13 글자의 색깔이 검은색, 빨간색, 파란색이므로 글자의 색깔로 분류할 수 있습니다.

14 자석을 하나씩 세면서 표시해 보면 검은색은 3개, 빨간색은 2개, 파란색은 3개입니다.

15 먼저 색깔에 따라 빨간색, 노란색, 초록색으로 분류한 후 다시 모양에 따라 알사탕과 막대 사탕으로 분류합니다.

16 노란색 알사탕은 ②, ⑥으로 모두 2개입니다.

17 알사탕: ①, ②, ⑥, ⑦, ⑧, ⑨ → 6개
막대 사탕: ③, ④, ⑤, ⑩ → 4개
따라서 알사탕은 막대 사탕보다 $6-4=2$(개) 더 많이 팔렸습니다.

18

장소	박물관	놀이공원	민속촌	동물원
학생 수(명)	2	5	2	3

따라서 동물원에 소풍 가고 싶은 학생은 3명입니다.

19 학생 수가 같은 장소는 박물관과 민속촌입니다.

20 예 놀이공원입니다.」 ❶
가장 많은 학생들이 소풍 가고 싶은 장소가 놀이공원이기 때문입니다.」 ❷

채점 기준

❶ 소풍으로 갈 장소 예상하기	3점
❷ 그 이유 쓰기	2점

01 ✕   02 ○   03 벽돌

04 북, 케이크

05
0개	미꾸라지, 금붕어
2개	부엉이, 제비, 독수리
4개	말, 돼지, 호랑이

06 3, 3, 2   07 8마리

08 미꾸라지   09 15, 7, 8   10 ☀

11 1일   12 4가지   13 3, 3, 3, 1

14 풀이 참고, 배, 2개

15 (위에서부터) 예 여자, 남자

16 (위에서부터) 예 한국인, 외국인

17 2명   18 1장   19 2장

20 풀이 참고, 14개

01 무게는 사람마다 다를 수 있으므로 분류 기준으로 알맞지 않습니다.

02 모양에 따라 🔲 모양과 🥫 모양으로 분류할 수 있습니다.

03 모양에 따라 분류하면 책은 🔲 모양이므로 같은 칸에 분류할 수 있는 것은 벽돌입니다.

04 모양에 따라 분류하면 풀은 🥫 모양이므로 같은 칸에 분류할 수 있는 것은 북과 케이크입니다.

06 땅은 말, 돼지, 호랑이로 3마리, 하늘은 부엉이, 제비, 독수리로 3마리, 물속은 미꾸라지, 금붕어로 2마리입니다.

08 새끼를 낳는 동물 칸에 있는 미꾸라지는 알을 낳는 동물 칸으로 옮겨야 합니다.

09 날씨에 따라 하나씩 세면서 표시해 보면 맑은 날은 15일, 흐린 날은 7일, 비 온 날은 8일입니다.

10 날씨별 날수를 비교해 보면 15>8>7이므로 6월에 맑은 날이 가장 많았습니다.

11 비 온 날은 8일이고 흐린 날은 7일이므로 비 온 날은 흐린 날보다 8−7=1(일) 더 많았습니다.

12 혜지네 가족이 산 과일 종류는 감, 사과, 복숭아, 배로 모두 4가지입니다.

13 과일을 하나씩 세면서 표시해 보면 감은 3개, 사과는 3개, 복숭아는 3개, 배는 1개입니다.

14 예 감, 사과, 복숭아는 각각 3개씩이므로 종류별로 개수가 같으려면 모든 과일은 3개씩 있어야 합니다. ❶
따라서 배는 1개이므로 배를 3−1=2(개) 더 사야 합니다. ❷

채점 기준	
❶ 종류별로 개수가 같을 때의 과일의 개수 구하기	2점
❷ 어느 것을 몇 개 더 사야 하는지 구하기	3점

15 동화의 주인공을 여자와 남자로 분류한 것입니다.

16 동화의 주인공을 한국인과 외국인으로 분류한 것입니다.

17 여자인 주인공은 7명이고, 남자인 주인공은 5명입니다. → 7−5=2(명)

18 검은색인 카드는 ①, ③, ⑥입니다. 그중 ♣ 모양이 그려져 있는 카드는 ③입니다. → 1장

19 빨간색인 카드는 ②, ④, ⑤입니다. 그중 ♥ 모양이 그려져 있는 카드는 ②, ⑤입니다.
→ 2장

20 예 전체 도형은 사각형 모양의 수와 원 모양의 수를 더하면 되므로 모두 12+9=21(개)입니다. ❶
따라서 빨간색 도형과 초록색 도형의 수의 합도 21개이어야 하므로 초록색 도형은 21−7=14(개)입니다. ❷

채점 기준	
❶ 전체 도형의 수 구하기	2점
❷ 초록색 도형의 수 구하기	3점

정답 및 풀이

01 색깔   02 줄무늬, 원 무늬

03 ②, ⑥ / ④, ⑤   04 3켤레

05

08 풀이 참고   09 예 색깔 / 모양

10 예
빨간색	초록색	보라색
①, ⑥, ⑦	②, ④	③, ⑤, ⑧

11 예
사각형	삼각형
①, ④, ⑤, ⑦	②, ③, ⑥, ⑧

12 5, 7   13 🍦

14 예 초콜릿 맛입니다. / 4명

15
	빨간색	노란색	초록색
원	②, ⑨	①, ⑧	④, ⑦
삼각형	③, ⑥	⑤	⑩

16 풀이 참고, 원, 2장   17 2장
18 15명   19 강아지   20 3

04 줄무늬 양말은 ①, ②, ⑥으로 모두 3켤레입니다.

05 각 가게에서 파는 물건으로 분류합니다.
과일 가게: 사과, 귤

06 채소 가게: 당근, 가지

07 생선 가게: 고등어, 오징어

08 예 예쁜 것과 예쁘지 않은 것은 사람마다 다를 수 있으므로 분류 기준이 분명하지 않습니다.」❶
나뭇잎의 색깔로 분류합니다.」❷

채점 기준	
❶ 분류 기준으로 알맞지 않은 이유 쓰기	3점
❷ 분류 기준 쓰기	2점

09 누가 분류하더라도 결과가 같아지는 분명한 기준을 정합니다.

10 깃발을 색깔에 따라 빨간색, 초록색, 보라색으로 분류할 수 있습니다.

11 깃발을 모양에 따라 사각형, 삼각형으로 분류할 수 있습니다.

12 모양에 따라 하나씩 세면서 표시해 보면 🍡은 5명, 🍦은 7명입니다.

13 7>5이므로 더 많은 학생들이 좋아하는 아이스크림은 🍦 모양입니다.

14 초콜릿 맛은 4명입니다.
바닐라 맛은 3명입니다.

15 먼저 색깔에 따라 빨간색, 노란색, 초록색으로 분류한 후 다시 모양에 따라 원과 삼각형으로 분류합니다.

16 예 원 모양은 6장이고, 삼각형 모양은 4장입니다.」❶
따라서 원 모양 카드가 6-4=2(장) 더 많습니다.」❷

채점 기준	
❶ 원 모양과 삼각형 모양 카드의 수 각각 구하기	3점
❷ 어느 모양 카드가 몇 장 더 많은지 구하기	2점

17 원 모양이면서 초록색인 카드는 ④, ⑦로 모두 2장입니다.

18 조사한 학생을 세어 보면 모두 15명입니다.

19 조사한 자료에서 동물별로 분류하고 그 수를 세어 보면 강아지는 5명, 고양이는 4명, 판다는 3명, 양은 2명입니다.
표를 보면 강아지는 6명이므로 ㉠에 알맞은 동물은 강아지입니다.
참고 표에서 판다를 좋아하는 학생 수를 모르지만 ㉠에 알맞은 동물을 판다라고 하면 강아지는 5명, 고양이는 4명, 판다는 4명, 양은 2명으로 강아지의 수가 틀리게 되므로 판다가 될 수 없습니다.

20 판다를 좋아하는 학생은 3명이므로 ㉡에 알맞은 수는 3입니다.

01 ( ) (○) 02 ㉡, ㉢

03 ①, ④, ⑤, ⑥, ⑦ / ②, ③, ⑧

04 3개 05 🚚

06

부는 것	리코더, 하모니카, 트럼본
치는 것	실로폰, 심벌즈, 탬버린, 북, 장구

07 3, 5 08 치는 것 09 3, 2, 5

10 예 우산의 길이

11 예

길이	긴 것	짧은 것
우산 수(개)	6	4

12 예 의자의 다리 수 13 5, 6, 3

14 ㉢ 15 8개

16 풀이 참고, 1개 17 예 빨간색

18 2, 3, 3, 1, 3

19 풀이 참고, 4명 20 세종대왕

04 색종이로 접은 것 중 노란색은 ②, ③, ⑧로 모두 3개입니다.

05 바퀴가 2개인 것으로 분류한 트럭은 바퀴가 4개 이므로 잘못 분류했습니다.

07 입으로 부는 악기는 3개, 손으로 치는 악기는 5개입니다.

08 3<5이므로 치는 것이 더 많습니다.

09 색깔에 따라 하나씩 세면서 표시해 보면 회색 은 3개, 초록색은 2개, 빨간색은 5개입니다.

10 우산이 긴 것과 짧은 것이 있으므로 우산의 길 이로 분류할 수 있습니다.

11 우산을 하나씩 세면서 표시해 보면 긴 것은 6개, 짧은 것은 4개입니다.

12 의자를 다리가 4개인 것과 3개인 것으로 분류 했으므로 분류 기준은 의자의 다리 수입니다.

13 종류에 따라 하나씩 세면서 표시해 보면 가위 는 5개, 풀은 6개, 지우개는 3개입니다.

14 ㉠ 학용품은 모두 14개입니다.
㉡ 지우개는 3개입니다.
㉢ 6>5>3이므로 가장 많은 학용품은 풀입 니다.
따라서 바르게 설명한 것은 ㉢입니다.

15

손잡이 수	0개	1개
컵의 수(개)	4	8

따라서 손잡이가 1개인 컵은 8개 팔렸습니다.

16 예 노란색 컵은 4개이고, 파란색 컵은 3개입 니다.」❶
따라서 노란색 컵은 파란색 컵보다
4-3=1(개) 더 많이 팔렸습니다.」❷

채점 기준	
❶ 노란색 컵과 파란색 컵의 수 각각 구하기	4점
❷ 노란색 컵은 파란색 컵보다 몇 개 더 많이 팔 렸는지 구하기	1점

17

색깔	노란색	빨간색	파란색
컵의 수(개)	4	5	3

따라서 내일 컵을 더 많이 팔기 위해 오늘 가장 많이 팔린 빨간색 컵을 가장 많이 준비하는 것 이 좋을 것 같습니다.

18 읽은 책 수에 따라 하나씩 세면서 표시해 보면 1권은 2명, 2권은 3명, 3권은 3명, 4권은 1명, 5권은 3명입니다.

19 예 책을 3권보다 많이 읽은 학생은 4권, 5권 을 읽은 것입니다.」❶
따라서 책을 3권보다 많이 읽은 학생은 모두
1+3=4(명)입니다.」❷

채점 기준	
❶ 책을 3권보다 많이 읽은 학생은 몇 권을 읽은 것인지 구하기	3점
❷ 책을 3권보다 많이 읽은 학생은 모두 몇 명인 지 구하기	2점

20 이순신 장군을 존경하는 학생은
15-6-3-2=4(명)입니다.
따라서 6>4>3>2이므로 가장 많은 학생들 이 존경하는 인물은 세종대왕입니다.

98~103쪽 · 틀린 유형 다시 보기

유형 1 ㉠   **1-1** ㉡   **1-2** ㉢

유형 2 예 색깔   **2-1** 예 바퀴의 수

2-2 예 맛

유형 3

색깔	파란색	빨간색	노란색
번호	①, ④, ⑦	②, ③, ⑧, ⑩	⑤, ⑥, ⑨
단추 수(개)	3	4	3

3-1

모양	사각형	원	꽃
번호	①, ④, ⑦, ⑨	②, ⑥, ⑧, ⑩	③, ⑤
단추 수(개)	4	4	2

3-2 3, 3, 4

유형 4 🥫 / 캔 상자

4-1 🍗 / 고기 칸

4-2 👖 / 바지 칸

유형 5 예 인형의 종류 /

토끼 인형	곰 인형
①, ③, ④, ⑥	②, ⑤, ⑦, ⑧

5-1 예 꽃의 수 /

2송이	1송이	0송이
①, ⑥	②, ③, ⑤, ⑧	④, ⑦

5-2 예 모자의 색깔 /

빨간색	파란색	노란색
①, ⑦	②, ④, ⑧	③, ⑤, ⑥

유형 6

	초록색	파란색
원	①	③, ⑥
사각형	④, ⑦	②, ⑤, ⑧

6-1

	레몬주스	사과주스	포도주스
🍼	⑥	①, ⑧, ⑨	⑦
🧃	③, ⑩, ⑫	④, ⑪	②, ⑤

6-2

	4장	5장	6장
보라색	①, ⑦	⑥, ⑩	④
빨간색	②	⑫	⑧, ⑨
연두색	⑪		③, ⑤

유형 7 2개   **7-1** 3명   **7-2** 4명

유형 8 2개   **8-1** 4장   **8-2** 파란색

유형 9 사각형   **9-1** 파란색   **9-2** 축구공

유형 10 예 떡볶이   **10-1** 예 줄넘기

유형 1 ㉡ 예쁜 것과 예쁘지 않은 것은 사람마다 다를 수 있으므로 분류 기준으로 알맞지 않습니다.

1-1 ㉠ 구슬의 모양은 모두 같으므로 분류 기준으로 알맞지 않습니다.

1-2 ㉢ 맛있는 것과 맛없는 것은 사람마다 다를 수 있으므로 분류 기준으로 알맞지 않습니다.

유형 2 바구니를 파란색과 노란색으로 분류했으므로 분류 기준은 색깔입니다.

2-1 자전거를 두발자전거와 세발자전거로 분류했으므로 분류 기준은 바퀴의 수입니다.

2-2 우유를 딸기 맛과 초콜릿 맛으로 분류했으므로 분류 기준은 맛입니다.

유형 3 단추를 색깔에 따라 분류합니다. 이때 다른 조건은 생각하지 않습니다.

3-1 단추를 모양에 따라 분류합니다. 이때 다른 조건은 생각하지 않습니다.

3-2 구멍이 2개인 것은 ④, ⑤, ⑧로 3개, 구멍이 3개인 것은 ②, ③, ⑥으로 3개, 구멍이 4개인 것은 ①, ⑦, ⑨, ⑩으로 4개입니다.

유형 4 플라스틱 상자에 있는 음료수 캔은 캔 상자로 옮겨야 합니다.

4-1 생선 칸에 있는 닭고기는 고기 칸으로 옮겨야 합니다.

4-2 치마 칸에 있는 바지는 바지 칸으로 옮겨야 합니다.

유형5 리본을 달았는지에 따라 리본을 단 인형과 리본을 달지 않은 인형으로 분류할 수도 있습니다.

5-1 화분의 색깔에 따라 초록색, 노란색, 빨간색으로 분류할 수도 있습니다.

5-2 모자의 종류는 2가지이고, 색깔은 3가지이므로 상자 3개에 분류하여 담으려면 분류 기준을 모자의 색깔로 정해야 합니다.

유형6 먼저 색깔에 따라 초록색과 파란색으로 분류한 후 다시 모양에 따라 원 모양과 사각형 모양으로 분류합니다.

6-1 먼저 맛에 따라 레몬, 사과, 포도주스로 분류한 후 다시 모양에 따라 분류합니다.

6-2 먼저 꽃잎의 수에 따라 4장, 5장, 6장으로 분류한 후 다시 색깔에 따라 보라색, 빨간색, 연두색으로 분류합니다.

유형7

모양			
모양의 수(개)	2	2	4

◯ 모양은 ⬭ 모양보다 $4-2=2$(개) 더 많습니다.

7-1

종류	게임기	로봇	블록	인형
학생 수(명)	5	2	3	2

게임기를 받고 싶은 학생은 로봇을 받고 싶은 학생보다 $5-2=3$(명) 더 많습니다.

7-2

종류	심벌즈	플루트	기타	트럼펫
학생 수(명)	1	5	4	2

가장 많은 학생들이 배우고 싶은 악기는 플루트이고, 가장 적은 학생들이 배우고 싶은 악기는 심벌즈이므로 학생 수의 차는 $5-1=4$(명)입니다.

유형8 보라색 손수건은 ①, ③, ⑤, ⑥, ⑧이고 이 중에서 체크무늬가 있는 것은 ①, ⑧입니다.
→ 2개

8-1 구멍이 2개인 카드는 ①, ②, ③, ⑦, ⑨, ⑩, ⑪, ⑮입니다. 이 중에서 털이 있는 카드는 ③, ⑦, ⑪, ⑮입니다. → 4장

8-2 세 자리 수가 쓰여 있는 카드는 101, 253, 578, 309, 464입니다. 이 중에서 300보다 큰 수가 쓰여 있는 카드는 578, 309, 464입니다. 이 중에서 초록색 카드는 2장, 파란색 카드는 1장입니다. 따라서 조건을 모두 만족하는 수 카드가 1장이 되려면 마지막 조건은 파란색이어야 합니다.

유형9 조사한 자료에서 모양별로 분류하고 그 수를 세어 보면 원은 2개, 사각형은 2개, 하트는 3개입니다.
표를 보면 사각형은 3개이므로 ㉠에 알맞은 모양은 사각형입니다.

9-1 조사한 자료에서 색깔별로 분류하고 그 수를 세어 보면 빨간색은 2명, 보라색은 3명, 파란색은 3명입니다.
표를 보면 파란색은 4명이므로 ㉠에 알맞은 색깔은 파란색입니다.

9-2 조사한 자료에서 공별로 분류하고 그 수를 세어 보면 농구공은 3개, 축구공은 1개, 야구공은 2개입니다.
표를 보면 축구공은 2개이므로 ㉠에 알맞은 공은 축구공입니다.

유형10

음식	어묵	떡볶이	김밥	라면
음식 수 (그릇)	1	4	2	3

따라서 내일 음식을 더 많이 팔기 위해 오늘 가장 많이 팔린 떡볶이를 가장 많이 준비하는 것이 좋을 것 같습니다.

10-1

체육 활동	줄넘기	축구	배드민턴	훌라후프
학생 수(명)	5	3	3	1

따라서 내일 체육 시간에 가장 많은 학생들이 좋아하는 줄넘기를 하는 것이 좋을 것 같습니다.

정답 및 풀이

6단원 곱셈

01 10송이	02 9, 12	03 8, 12
04 12개	05 3, 3	06 8, 4
07 9×5=45	08 ⓒ	09 5, 4
10 풀이 참고, 5배		11 3
12 ㉠	13 ㉡	
14 8×5=40 / 40개		
15 풀이 참고, ㉢		16 12개
17 빨간색 사과, 15개		
18 4, 6 / 6, 4 / 8, 3		19 57
20 32개		

01 하나씩 세어 보면 1, 2, 3, 4, 5, 6, 7, 8, 9, 10이므로 10송이입니다.

02 3씩 뛰어 세면 3, 6, 9, 12입니다.

05 달걀은 6개씩 3묶음입니다.
➔ 6씩 3묶음은 6의 3배입니다.

06 8+8+8+8 ➔ 8×4
└── 4번 ──┘

07 9 곱하기 5는 45와 같습니다.
   9×5   =45

08 7+7+7=7×3
따라서 나타내는 수가 다른 하나는 ㉢입니다.

09 리본 20개를 4씩 묶으면 5묶음이 되고, 5씩 묶으면 4묶음이 됩니다.

10 예 노란색 구슬 수는 2씩 5묶음입니다. ❶
따라서 노란색 구슬 수는 초록색 구슬 수의 5배입니다. ❷

채점 기준	
❶ 노란색 구슬 수는 2씩 몇 묶음인지 구하기	2점
❷ 노란색 구슬 수는 초록색 구슬 수의 몇 배인지 구하기	3점

11 9, 18, 27이므로 27은 9씩 3묶음입니다.

12 ㉡ 7씩 뛰어 세면 7, 14이므로 14개입니다.
㉢ 5씩 묶어 세면 5씩 2묶음이고 4개가 남습니다.

13 ㉠ 사탕을 2씩 묶으면 9묶음이 됩니다.
➔ 2×9=18
㉡ 사탕을 3씩 묶으면 6묶음이 됩니다.
➔ 3×6=18

14 젤리는 8개씩 5봉지입니다.
➔ 8×5=8+8+8+8+8=40(개)

15 예 곱셈으로 나타내어 봅니다.
㉠ 5의 6배 ➔ 5×6, ㉡ 6씩 6묶음 ➔ 6×6 ❶
따라서 나타내는 수가 다른 하나는 ㉢입니다. ❷

채점 기준	
❶ 곱셈으로 나타내기	3점
❷ 나타내는 수가 다른 하나를 찾아 기호 쓰기	2점

16 연결 모형이 2개 쌓여 있습니다.
따라서 2의 6배는
2×6=2+2+2+2+2+2=12(개)입니다.

17 (빨간색 사과의 수)
=5×9=5+5+5+5+5+5+5+5+5
=45(개)
따라서 45>30이므로 빨간색 사과가
45−30=15(개) 더 많습니다.

18 24는 3씩 8묶음(3×8), 4씩 6묶음(4×6), 6씩 4묶음(6×4), 8씩 3묶음(8×3)으로 나타낼 수 있습니다.

19 •5의 3배
➔ 5×3=5+5+5=15이므로
■=15입니다.
•7과 6의 곱
➔ 7×6=7+7+7+7+7+7=42이므로 ▲=42입니다.
따라서 ■와 ▲의 합은 15+42=57입니다.

20 (돼지의 다리 수)
=4×5=4+4+4+4+4=20(개)
(닭의 다리 수)
=2×6=2+2+2+2+2+2=12(개)
따라서 돼지와 닭의 다리는 모두
20+12=32(개)입니다.

01 4   02 21, 28   03 28개
04 7   05 6   06 2, 18
07 7 / 7, 42   08 $8 \times 6 = 48$
09 $4+4+4+4+4+4=24$
10 $4 \times 6 = 24$ 11 7, 3
12 8, 16 / 4, 16 / 2, 16
13 예
14 풀이 참고, 36개   15 $<$
16 9   17 풀이 참고, 20번
18 56개   19 35   20 7, 8, 9

03 7씩 4묶음이므로 7, 14, 21, 28로 모두 28개입니다.

04 종을 4개씩 묶으면 7묶음입니다.

05 3씩 6묶음 ➡ 3의 6배 ➡ 3×6

06 9씩 묶으면 2묶음이므로 9, 18로 모두 18개입니다.

07 6씩 7묶음
➡ 6의 7배
➡ $6 \times 7 = 6+6+6+6+6+6+6 = 42$

08 $8+8+8+8+8+8 = 48$ ➡ $8 \times 6 = 48$
       └─── 6번 ───┘

09 4씩 6묶음이므로 $4+4+4+4+4+4 = 24$입니다.

10 4씩 6묶음은 4의 6배이므로
$4 \times 6 = 4+4+4+4+4+4 = 24$입니다.

11 • 3씩 묶으면 7묶음이므로 3의 7배입니다.
• 7씩 묶으면 3묶음이므로 7의 3배입니다.

12 • 금붕어를 2씩 묶으면 8묶음이 됩니다.
➡ $2 \times 8 = 16$
• 금붕어를 4씩 묶으면 4묶음이 됩니다.
➡ $4 \times 4 = 16$
• 금붕어를 8씩 묶으면 2묶음이 됩니다.
➡ $8 \times 2 = 16$

13 지후의 막대 길이는 3칸이므로 수지의 막대 길이는 3칸씩 3번 이어 붙인 9칸이 되도록 색칠합니다.

14 예 밤은 9개씩 4봉지이므로 9의 4배입니다.」❶
따라서 9의 4배는 $9 \times 4 = 9+9+9+9 = 36$이므로 밤은 모두 36개입니다.」❷

채점 기준	
❶ 밤의 수는 몇의 몇 배인지 구하기	2점
❷ 밤은 모두 몇 개인지 구하기	3점

15 5의 7배
➡ $5 \times 7 = 5+5+5+5+5+5+5 = 35$
4씩 9묶음
➡ $4 \times 9 = 4+4+4+4+4+4+4+4+4$
     $= 36$
따라서 $35 < 36$입니다.

16 $2 \times \square = 18$
➡ $2+2+2+2+2+2+2+2+2 = 18$
        └──── 9번 ────┘
따라서 $\square = 9$입니다.

17 예 ○표 한 날을 세어 보면 월, 화, 목, 금, 일로 실천한 날수는 5일입니다.」❶
따라서 일주일 동안 윗몸 일으키기를 모두
$4 \times 5 = 4+4+4+4+4 = 20$(번) 했습니다.」❷

채점 기준	
❶ 실천한 날수 구하기	2점
❷ 일주일 동안 윗몸 일으키기를 모두 몇 번 했는지 구하기	3점

18 (한 상자에 들어 있는 도넛의 수)
$= 4 \times 2 = 4+4 = 8$(개)
➡ (서아가 산 도넛의 수)
$= 8 \times 7 = 8+8+8+8+8+8+8$
$= 56$(개)

19 곱하는 두 수가 클수록 곱은 커집니다.
$7 > 5 > 4 > 2$이므로 곱이 가장 클 때의 곱은
$7 \times 5 = 7+7+7+7+7 = 35$입니다.

20 $3 \times 6 = 18$, $3 \times 7 = 21$, $3 \times 8 = 24$,
$3 \times 9 = 27$
따라서 3과 곱한 값이 20보다 커야 하므로
$\square$ 안에 들어갈 수 있는 한 자리 수는 7, 8, 9입니다.

정답 및 풀이

112~114쪽 **AI가 추천한 단원 평가 3회**

01 4	02 4	03 4
04 8개	05 18	06 27
07 5, 25	08 (선 잇기)	09 3묶음
10 3배	11 ①, ⑤	12 ⓒ
13 9×6=54 / 54개		
14 풀이 참고, ⓒ		15 24개
16 풀이 참고, 60장		17 6, 3
18 8개	19 7배	20 6가지

02 2씩 4묶음 ➜ 2의 4배

03 2의 4배 ➜ 2×4

04 2×4=2+2+2+2=8(개)

05 6씩 3번 뛰어 세면 6, 12, 18이므로 18입니다.

06 9씩 3묶음은 9의 3배입니다.
9의 3배 ➜ 9+9+9=27

07 5씩 5묶음 ➜ 5의 5배 ➜ 5×5=25

08 •4+4+4 ➜ 4×3
•7+7 ➜ 7×2

10 18은 6씩 3묶음이므로 18은 6의 3배입니다.

11 ① ●는 2씩 9묶음이므로 2×9입니다.
⑤ ●는 9씩 2묶음이므로 9×2입니다.

12 ㉠ 4×8=4+4+4+4+4+4+4+4
=32
ⓒ 6×5=6+6+6+6+6=30

13 초콜릿은 9개씩 6상자입니다.
➜ 9×6=9+9+9+9+9+9=54(개)

14 예 ㉠ 6×8=6+6+6+6+6+6+6+6
=48
ⓒ 7×7=7+7+7+7+7+7+7=49」❶
따라서 48<49이므로 곱이 더 큰 것은 ⓒ입니다.」❷

채점 기준

❶ ㉠, ⓒ의 곱 각각 구하기	4점
❷ 곱이 더 큰 것의 기호 쓰기	1점

15 삼각형 한 개를 만드는 데 이쑤시개가 3개 필요합니다. 따라서 삼각형 8개를 만드는 데 필요한 이쑤시개는
3×8=3+3+3+3+3+3+3+3
=24(개)입니다.

16 예 언니가 가지고 있는 딱지는
6×9=6+6+6+6+6+6+6+6+6
=54(장)입니다.」❶
따라서 민주와 언니가 가지고 있는 딱지는 모두
6+54=60(장)입니다.」❷

채점 기준

❶ 언니가 가지고 있는 딱지 수 구하기	3점
❷ 민주와 언니가 가지고 있는 딱지는 모두 몇 장인지 구하기	2점

17 •6+6+6+6=24이므로 6×4=24에서
└─ 4번 ─┘
■=6입니다.

•8+8+8=24이므로 8×3=24에서 ▲=3
└─ 3번 ─┘
입니다.

18 4씩 4묶음은 4×4=4+4+4+4=16(개)입니다. 따라서 16개를 다시 2씩 묶으면
2+2+2+2+2+2+2+2=16이므로
└───── 8번 ─────┘
봉지는 8개가 필요합니다.

19 ㉠ 4의 5배 ➜ 4+4+4+4+4
└─── 5번 ───┘
ⓒ 4의 2배 ➜ 4+4
└2번┘

따라서 ㉠과 ⓒ의 합은 4를 5+2=7(번) 더한 것과 같으므로 4의 7배입니다.

20 윗옷을 하나 골랐을 때 아래옷을 고르는 방법은 2가지입니다.
윗옷이 3가지이므로 각각 2가지 방법으로 아래옷을 고를 수 있습니다.

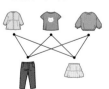

따라서 옷을 입는 방법은 모두
2+2+2=2×3=6(가지)입니다.

01 8, 10, 12, 14   02 14

03 14개   04 15, 20 / 20

05 9   06 30 / 5, 30

07 3 / 3, 12   08 (   ) (○)

09 ㉠   10 4배   11 ㉠

12 $5 \times 2 = 10$, $5 \times 3 = 15$

13 예 $6 \times 3 = 18$ / $9 \times 2 = 18$

14 풀이 참고, 72   15 8개

16 23   17 풀이 참고, 48개

18 28개   19 5배

20 형우네 반, 1명

02 7씩 묶어 세어 보면 7, 14입니다.

04 5, 10, 15, 20이므로 5씩 4번 뛰어 센 수는 20입니다.

05 컵은 3개씩 9묶음입니다.

06 $6+6+6+6+6=30$ ➡ $6 \times 5 = 30$
    └──── 5번 ────┘

07 4씩 3묶음 ➡ 4의 3배 ➡ $4 \times 3 = 12$

08 오리 인형 6개를 2씩 묶으면 3묶음이 됩니다.

09 9씩 5묶음 ➡ 9의 5배 ➡ $9+9+9+9+9$

10 감은 3씩 4묶음입니다.
    따라서 감의 수는 딸기의 수의 4배입니다.

11 ㉠ $6+6$은 6×2와 같습니다.

12 •5씩 2묶음 ➡ $5 \times 2 = 10$
    •5씩 3묶음 ➡ $5 \times 3 = 15$

13 2씩 9묶음 ➡ 2×9, 3씩 6묶음 ➡ 3×6,
    6씩 3묶음 ➡ 6×3, 9씩 2묶음 ➡ 9×2로
    나타낼 수 있습니다.

14 예 $9 > 8 > 6 > 3$이므로 가장 큰 수는 9입니다.」❶
    따라서 9의 8배는
    $9 \times 8 = 9+9+9+9+9+9+9+9 = 72$
    입니다.」❷

채점 기준	
❶ 가장 큰 수 구하기	2점
❷ 가장 큰 수의 8배 구하기	3점

15 한 사람이 가위를 냈을 때 펼친 손가락은 2개입니다.
    따라서 친구 4명이 모두 가위를 냈을 때 펼친 손가락은 2의 4배이므로
    $2 \times 4 = 2+2+2+2 = 8$(개)입니다.

16 •7의 9배
    ➡ $7 \times 9 = 7+7+7+7+7+7+7+7+7$
    $= 63$이므로 ㉠$= 63$입니다.
    •5 곱하기 8
    ➡ $5 \times 8 = 5+5+5+5+5+5+5+5$
    $= 40$이므로 ㉡$= 40$입니다.
    따라서 ㉠과 ㉡의 차는 $63-40 = 23$입니다.

17 예 어제와 오늘 산 도넛은 모두
    $2+4 = 6$(상자)입니다.」❶
    따라서 어제와 오늘 산 도넛은 모두 8개씩 6상자이므로 $8 \times 6 = 8+8+8+8+8+8 = 48$(개)입니다.」❷

채점 기준	
❶ 어제와 오늘 산 도넛은 모두 몇 상자인지 구하기	2점
❷ 어제와 오늘 산 도넛은 모두 몇 개인지 구하기	3점

18 ◈ 모양이 그려진 규칙을 찾아보면 ◈ 모양은 7개씩 4줄입니다.
    따라서 ◈ 모양은 모두
    $7 \times 4 = 7+7+7+7 = 28$(개)입니다.

19 (세호가 미래에게 주고 남은 바둑돌 수)
    $= 6-3 = 3$(개)
    (미래가 세호에게 받은 후 바둑돌 수)
    $= 12+3 = 15$(개)
    따라서 15는 3씩 5묶음이므로 미래가 가지고 있는 바둑돌 수는 세호가 가지고 있는 바둑돌 수의 5배입니다.

20 (은주네 반 학생 수)
    $= 4 \times 6 = 4+4+4+4+4+4 = 24$(명)
    (형우네 반 학생 수)
    $= 5 \times 5 = 5+5+5+5+5 = 25$(명)
    따라서 $24 < 25$이므로 형우네 반이
    $25-24 = 1$(명) 더 많습니다.

정답 및 풀이

틀린 유형 다시 보기

유형 1 $5 \times 6 = 30$

1-1 $9+9+9+9+9=45$

1-2 ✕   **1-3** ㉠   **유형 2** 7, 2

2-1 5, 3   **2-2** ㉡

유형 3 9, 27 / 3, 27

3-1 5, 10 / 2, 10

3-2 3, 8, 24 / 4, 6, 24 / 6, 4, 24 / 8, 3, 24

유형 4 $6 \times 5 = 30$ / 30병

4-1 $4 \times 7 = 28$ / 28마리   **4-2** 33장

4-3 14개   **유형 5** <   **5-1** <

5-2 ㉡   **5-2** ㉢, ㉠, ㉡

유형 6 7   **6-1** 4   **6-2** ㉠

6-3 8   **유형 7** 6, 6 / 9, 4

7-1 4, 4 / 8, 2

7-2 예 3, 6 / 6, 3

7-3

④	③	1	7	⑥
9	8	9	5	②

유형 8 18개

8-1 32개   **8-2** 35개   **유형 9** 3개

9-1 4봉지   **9-2** 9개   **9-3** 4봉지

유형 10 36권   **10-1** 40세   **10-2** 12개

10-3 54개   **유형 11** 74개   **11-1** 39개

11-2 11개   **11-3** 7장   **유형 12** 48

12-1 8

12-2 $9 \times 7 = 63$(또는 $7 \times 9 = 63$) / 63

유형 1 $\underset{\text{6번}}{5+5+5+5+5+5}=30 \Rightarrow 5 \times 6 = 30$

1-1 $9 \times 5 = 45 \Rightarrow \underset{\text{5번}}{9+9+9+9+9}=45$

1-2 • $\underset{\text{4번}}{2+2+2+2} \Rightarrow 2 \times 4$

• $\underset{\text{2번}}{8+8} \Rightarrow 8 \times 2$

1-3 ㉡ $4 \times 4 \Rightarrow 4+4+4+4$

유형 2

구슬 14개를 2씩 묶으면 7묶음이 되고, 7씩 묶으면 2묶음이 됩니다.

2-1

야구공 15개를 3씩 묶으면 5묶음이 되고, 5씩 묶으면 3묶음이 됩니다.

2-2 ㉠ 2개씩 6묶음이므로 12개입니다.

㉡ 3개씩 4묶음이므로 12개입니다.

㉢ 6개씩 2묶음이므로 12개입니다.

유형 3 • 빵을 3씩 묶으면 9묶음이 됩니다.

  $\Rightarrow 3 \times 9 = 27$

• 빵을 9씩 묶으면 3묶음이 됩니다.

  $\Rightarrow 9 \times 3 = 27$

3-1 • 귤을 2씩 묶으면 5묶음이 됩니다.

  $\Rightarrow 2 \times 5 = 10$

• 귤을 5씩 묶으면 2묶음이 됩니다.

  $\Rightarrow 5 \times 2 = 10$

3-2 3씩 8묶음 $\Rightarrow 3 \times 8 = 24$,

4씩 6묶음 $\Rightarrow 4 \times 6 = 24$,

6씩 4묶음 $\Rightarrow 6 \times 4 = 24$,

8씩 3묶음 $\Rightarrow 8 \times 3 = 24$

유형 4 음료수는 6병씩 5상자 있습니다.

  $\Rightarrow 6 \times 5 = 6+6+6+6+6=30$(병)

4-1 물고기는 4마리씩 어항 7개에 들어 있습니다.

  $\Rightarrow 4 \times 7 = 4+4+4+4+4+4+4$

  $= 28$(마리)

4-2 색종이는 5장씩 8묶음이므로

$5 \times 8 = 5+5+5+5+5+5+5+5$

$= 40$(장)입니다.

따라서 7장을 사용하고 남은 색종이는

$40-7=33$(장)입니다.

4-3 초콜릿은 9개씩 2상자이므로

$9 \times 2 = 9+9 = 18$(개)입니다.

따라서 4개를 먹고 남은 초콜릿은

$18-4=14$(개)입니다.

유형 5 $7 \times 3 = 7+7+7=21$

$5 \times 5 = 5+5+5+5+5=25$

$\Rightarrow 21 < 25$

38

5-1
$3 \times 9 = 3+3+3+3+3+3+3+3+3$
$\qquad = 27$
$6 \times 7 = 6+6+6+6+6+6+6 = 42$
→ $27 < 42$

5-2 ㉠ $4 \times 5 = 4+4+4+4+4 = 20$
㉡ 3의 6배
　　→ $3 \times 6 = 3+3+3+3+3+3 = 18$
㉢ $7 \times 4 = 7+7+7+7 = 28$
따라서 $18 < 20 < 28$이므로 나타내는 수가
가장 작은 것은 ㉡입니다.

5-3 ㉠ 2씩 8묶음
　　→ $2 \times 8 = 2+2+2+2+2+2+2+2$
　　　　$= 16$
㉡ 5의 3배 → $5 \times 3 = 5+5+5 = 15$
㉢ $9 \times 4 = 9+9+9+9 = 36$
따라서 $36 > 16 > 15$이므로 나타내는 수가
큰 것부터 차례대로 기호를 쓰면 ㉢, ㉠, ㉡
입니다.

유형 6 $5 \times \square = 35$
　　→ $\underbrace{5+5+5+5+5+5+5}_{\text{7번}} = 35$이므로
$\square = 7$입니다.

6-1 $\square \times 8 = 32$
　　→ $\underbrace{4+4+4+4+4+4+4+4}_{\text{8번}} = 32$이므
로 $\square = 4$입니다.

6-2 ㉠ $6 \times \square = 30$
　　→ $\underbrace{6+6+6+6+6}_{\text{5번}} = 30$이므로
$\square = 5$입니다.
㉡ $\square \times 7 = 28$
　　→ $\underbrace{4+4+4+4+4+4+4}_{\text{7번}} = 28$이므로
$\square = 4$입니다.
따라서 $5 > 4$이므로 $\square$ 안에 알맞은 수가
더 큰 것은 ㉠입니다.

6-3 • $2 \times ㉠ = 14$에서
$\underbrace{2+2+2+2+2+2+2}_{\text{7번}} = 14$이므로
㉠ $= 7$입니다.
• $7 \times ㉡ = 56$에서
$\underbrace{7+7+7+7+7+7+7+7}_{\text{8번}} = 56$이므로
㉡ $= 8$입니다.

유형 7 36은 4씩 9묶음(4×9), 6씩 6묶음(6×6),
9씩 4묶음(9×4)으로 나타낼 수 있습니다.

7-1 16은 2씩 8묶음(2×8), 4씩 4묶음(4×4),
8씩 2묶음(8×2)으로 나타낼 수 있습니다.

7-2 18은 2씩 9묶음(2×9), 3씩 6묶음(3×6),
6씩 3묶음(6×3), 9씩 2묶음(9×2)으로
나타낼 수 있습니다.

7-3 곱해서 12를 만들 수 있는 두 수는 2와 6,
3과 4입니다.

유형 8 ♥ 모양이 그려진 규칙을 찾아보면 ♥ 모양은
6개씩 3줄입니다.
따라서 ♥ 모양은 모두
$6 \times 3 = 6+6+6 = 18$(개)입니다.

8-1 ◆ 모양이 그려진 규칙을 찾아보면 ◆ 모양은
8개씩 4줄입니다.
따라서 ◆ 모양은 모두
$8 \times 4 = 8+8+8+8 = 32$(개)입니다.

8-2 ★ 모양이 그려진 규칙을 찾아보면 ★ 모양은
7개씩 5줄입니다.
따라서 ★ 모양은
$7 \times 5 = 7+7+7+7+7 = 35$(개)입니다.

유형 9 구슬은 6개씩 4묶음이므로
$6 \times 4 = 6+6+6+6 = 24$(개)입니다.
따라서 24개를 다시 8개씩 묶으면
$\underbrace{8+8+8}_{\text{3번}} = 24$이므로 팔찌는 3개가 됩니다.

9-1 밤은 8개씩 2묶음이므로
$8 \times 2 = 8 + 8 = 16$(개)입니다.
따라서 16개를 다시 4개씩 묶으면
$\underbrace{4 + 4 + 4 + 4}_{4번} = 16$이므로 4봉지가 됩니다.

9-2 주스는 3병씩 6묶음이므로
$3 \times 6 = 3 + 3 + 3 + 3 + 3 + 3 = 18$(병)입니다.
따라서 18병을 다시 2병씩 묶으면
$\underbrace{2 + 2 + 2 + 2 + 2 + 2 + 2 + 2 + 2}_{9번} = 18$
이므로 쟁반은 9개가 필요합니다.

9-3 머리핀은 2개씩 6묶음이므로
$2 \times 6 = 2 + 2 + 2 + 2 + 2 + 2 = 12$(개)입니다.
따라서 12개를 다시 3개씩 묶으면
$\underbrace{3 + 3 + 3 + 3}_{4번} = 12$이므로 4봉지가 됩니다.

유형10 (한 상자에 들어 있는 동화책의 수)
$= 3 \times 2 = 3 + 3 = 6$(권)
➜ (6상자에 들어 있는 동화책의 수)
 = (한 상자에 들어 있는 동화책의 수)$\times 6$
 $= 6 \times 6 = 6 + 6 + 6 + 6 + 6 + 6$
 $= 36$(권)

10-1 (주희의 나이)$= 4 \times 2 = 4 + 4 = 8$(살)
➜ (주희 어머니의 연세)
 = (주희의 나이)$\times 5$
 $= 8 \times 5 = 8 + 8 + 8 + 8 + 8 = 40$(세)

10-2 (선우가 접은 종이학의 수)
$= 2 \times 2 = 2 + 2 = 4$(개)
➜ (예나가 접은 종이학의 수)
 = (선우가 접은 종이학의 수)$\times 3$
 $= 4 \times 3 = 4 + 4 + 4 = 12$(개)

10-3 (쟁반 한 개에 놓은 식빵의 수)
$= 3 \times 3 = 3 + 3 + 3 = 9$(개)
➜ (쟁반 6개에 놓은 식빵의 수)
 = (쟁반 한 개에 놓은 식빵의 수)$\times 6$
 $= 9 \times 6 = 9 + 9 + 9 + 9 + 9 + 9 = 54$(개)

유형11 (노란색 구슬 수)
$= 4 \times 8 = 4 + 4 + 4 + 4 + 4 + 4 + 4 + 4$
$= 32$(개)
(파란색 구슬 수)
$= 7 \times 6 = 7 + 7 + 7 + 7 + 7 + 7 = 42$(개)
따라서 노란색 구슬과 파란색 구슬은 모두
$32 + 42 = 74$(개)입니다.

11-1 (삼각형의 변의 수)
$= 3 \times 5 = 3 + 3 + 3 + 3 + 3 = 15$(개)
(사각형의 변의 수)
$= 4 \times 6 = 4 + 4 + 4 + 4 + 4 + 4 = 24$(개)
따라서 삼각형 5개와 사각형 6개의 변의 수
의 합은 모두 $15 + 24 = 39$(개)입니다.

11-2 (세발자전거의 바퀴 수)
$= 3 \times 7 = 3 + 3 + 3 + 3 + 3 + 3 + 3$
$= 21$(개)
(두발자전거의 바퀴 수)
$= 2 \times 5 = 2 + 2 + 2 + 2 + 2 = 10$(개)
따라서 세발자전거와 두발자전거의 바퀴 수
의 차는 $21 - 10 = 11$(개)입니다.

11-3 (소윤이가 가지고 있는 붙임딱지의 수)
$= 9 \times 3 = 9 + 9 + 9 = 27$(장)
(리효가 가지고 있는 붙임딱지의 수)
$= 5 \times 4 = 5 + 5 + 5 + 5 = 20$(장)
따라서 소윤이는 리효보다 붙임딱지를
$27 - 20 = 7$(장) 더 많이 가지고 있습니다.

유형12 곱하는 두 수가 클수록 곱은 커집니다.
$8 > 6 > 3 > 2$이므로 곱이 가장 클 때의 곱은
$8 \times 6 = 8 + 8 + 8 + 8 + 8 + 8 = 48$입니다.

12-1 곱하는 두 수가 작을수록 곱은 작아집니다.
$2 < 4 < 6 < 7$이므로 곱이 가장 작을 때의
곱은 $2 \times 4 = 2 + 2 + 2 + 2 = 8$입니다.

12-2 곱하는 두 수가 클수록 곱은 커집니다.
$9 > 7 > 5 > 4$이므로 곱이 가장 클 때의 곱은
$9 \times 7 = 9 + 9 + 9 + 9 + 9 + 9 + 9 = 63$입
니다.

지금부터 아이스크림처럼 달콤하게
문해력을 키워 볼까요?

교실 문해력 1단계~6단계(전 6권)
아이스크림에듀 초등문해력연구소 | 각 권 12,000원

하루 6쪽으로 끝내는 균형 잡힌 문해력 공부
학습 능력 ✚ 소통 능력을
한번에 끌어 올려요